水库安全管理
应知应会手册

水 利 部 运 行 管 理 司
水利部建设管理与质量安全中心 编著

中国水利水电出版社
www.waterpub.com.cn
·北京·

内容提要

本书在依据国家现行法律法规、规程规范和技术标准的前提下，涵盖了水库运行管理的全周期，包括大坝安全责任制、安全检查、安全监测、安全鉴定、经费保障、维修养护、调度运用、应急管理等环节，全书力求以图文并茂、通俗易懂的形式，让读者朋友能够轻松自然地了解和掌握水库安全管理的主要内容和工作要求。

相信本书的出版能够对水库管理人员和水行政管理人员有所帮助，对提升水库管理水平、保障水库安全运行起到积极作用，进而为建设平安中国贡献绵薄之力。

图书在版编目（CIP）数据

水库安全管理应知应会手册 / 水利部运行管理司，水利部建设管理与质量安全中心编著. —— 北京 ：中国水利水电出版社，2023.8
    ISBN 978-7-5226-1628-5

Ⅰ. ①水… Ⅱ. ①水… ②水… Ⅲ. ①水库管理－安全管理－手册 Ⅳ. ①TV697-62

中国国家版本馆CIP数据核字(2023)第128872号

书　　名	水库安全管理应知应会手册 SHUIKU ANQUAN GUANLI YINGZHI YINGHUI SHOUCE	
作　　者	水利部运行管理司　水利部建设管理与质量安全中心　编著	
出版发行	中国水利水电出版社 (北京市海淀区玉渊潭南路1号D座　100038) 网址: www.waterpub.com.cn E-mail: sales@mwr.gov.cn 电话: (010) 68545888（营销中心）	
经　　售	北京科水图书销售有限公司 电话: (010) 68545874、63202643 全国各地新华书店和相关出版物销售网点	
排　　版	北京金五环出版服务有限公司	
印　　刷	河北鑫彩博图印刷有限公司	
规　　格	145mm×210mm 32开本 4.125印张 93千字	
版　　次	2023年8月第1版　2023年8月第1次印刷	
定　　价	48.00元	

《水库安全管理应知应会手册》编委会

前 言

　　水库是重要的水利基础设施，是惠及国家和人民的民生工程，在经济社会发展和防灾减灾中发挥了极其重要的作用。目前，我国已建成各类水库近10万座。水库的安全事关生命安全、经济安全、防洪安全和供水安全等，尤其是大坝溃决更危及成千上万人民群众生命财产安全和社会稳定。党中央、国务院高度重视水库安全。随着经济社会快速发展，加之近年来极端气候事件频发，对水库安全管理提出了更高要求和挑战。为进一步提升水库安全管理水平，提高业务人员素质，规范运行管理行为，牢牢守住安全底线，有效保障水库工程安全和效益充分发挥，受水利部运行管理司委托，水利部建设管理与质量安全中心在广泛收集资料、精心总结实践经验的基础上，结合水库运行管理现状，编写了《水库安全管理应知应会手册》一书。

　　本书在依据国家现行法律法规、规程规范和技术标准的前提下，涵盖了水库运行管理的全周期，包括大坝安全责任制、安全检查、安全监测、安全鉴定、经费保障、维修养护、调度运用、应急管理等环节，全书力求以图文并茂、通俗易懂的形式，让读者朋友能够轻松自然地了解和掌握水库安全管理的主要内容和工作要求。

　　相信本书的出版能够对水库管理人员和水行政管理人员有所帮助，对提升水库管理水平、保障水库安全运行起到积极作用，进而为建设平安中国贡献绵薄之力。

　　由于水平所限，书中疏漏之处诚请广大读者批评指正。

编者
2023 年 6 月

目 录

一、水库运行全周期管理

　　水库运行全周期管理是指水库工程通过蓄水或竣工验收，取得"合法身份"后，进入运行期的全过程管理。各单位要落实水库运行管理主体责任，围绕注册登记、运行管理、安全鉴定等环节，建立健全管理体制机制，实现闭环管理。

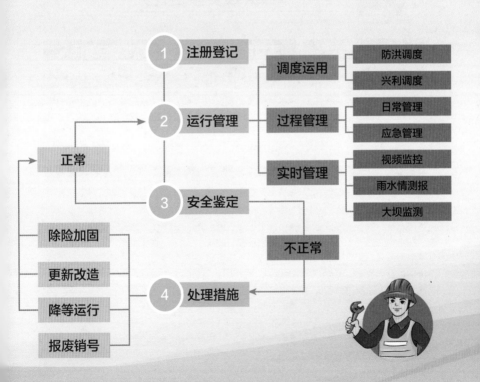

二、水库大坝安全责任制

各地要严格按照《水库大坝安全管理条例》《小型水库防汛"三个责任人"履职手册（试行）》有关规定，落实以地方政府行政首长负责制为核心的水库大坝安全责任制。水库要明确同级政府责任人、水库主管部门责任人、水库管理单位责任人；小型水库同时要落实防汛行政、技术、巡查"三个责任人"。

1. 水库大坝安全责任人

政府责任人	主管部门责任人	管理单位责任人
任职条件		
●按照属地管理原则，由水库所在地县级以上人民政府相关负责人担任	●按照隶属关系，由水库所属水利、住建、交通、能源、农业等主管部门相关负责人担任	●由水库管理单位主要负责人担任
主要职责		
●对水库大坝安全监管和安全度汛负领导责任 ●协调指导解决水库安全管理重大问题 ●组织建立水库除险加固和运行管护长效机制 ●组织重大突发事件和安全事故的应急处置 ●督促相关单位加强水库安全管理等工作	●承担水库安全运行监管职责 ●负责组织建立健全水库安全管理规章制度 ●督促指导水库管理单位落实各项安全措施，加强运行管理和维修养护 ●组织解决水库安全管理的突出问题 ●加强水库管理队伍能力建设，组织相关业务培训	●承担水库安全管理和安全度汛的主体责任 ●负责水库日常安全运行管理和维修养护工作 ●具体建立并落实水库管理各项规章制度，严格执行调度指令，保障工程安全运行

政府责任人	主管部门责任人	管理单位责任人
履职要点		
• 清楚自身工作职责 • 了解水库基本情况和安全运行状况 • 协调落实水库安全管理应急保障措施 • 组织开展水库安全检查、应急演练等工作 • 组织、协调有关部门配合水库主管部门和管理单位进行应急处置	• 清楚自身工作职责 • 全面掌握所管辖水库大坝的安全情况及存在的问题 • 熟悉防汛抢险工作 • 协助落实水库安全管理应急保障措施 • 定期到水库现场检查指导和提供技术支持 • 掌握水库工程、库区、下游影响情况和管护人员情况 • 掌握工程安全隐患治理情况	• 清楚自身工作职责 • 全面掌握水库基本情况、安全运行状况和主要病险隐患 • 按要求组织开展各项安全运行管理工作，落实应急保障措施 • 熟悉防汛抢险工作 • 掌握水库汛限水位、当前水位 • 掌握政府和主管部门责任人联系方式等

2. 小型水库防汛"三个责任人"

行政责任人	技术责任人	巡查责任人
任职条件		
• 按隶属关系，由水库所在地政府相关负责人担任 • 乡镇、农村集体经济组织管理的水库，小（1）型由县级政府相关负责人担任，小（2）型由乡镇以上政府相关负责人担任	• 由水库所在地水行政主管部门、水库主管部门、水库管理单位（产权所有者）技术负责人担任 • 乡镇、农村集体经济组织管理的水库，小（1）型由县级水行政主管部门、水库主管部门负责人或有相应能力的人员担任；小（2）型由乡镇水利站、水库管理单位（产权所有者）技术负责人或有相应能力的人员担任 • 采取政府购买服务方式实行社会化管理的，可由承接主体技术负责人担任	• 有管理单位的，由水库管理单位负责人或管理人员担任；无管理单位的，由水库主管部门负责落实有相应能力的人员担任，或督促产权所有者落实 • 采取政府购买服务方式实行社会化管理的，可按合同约定由承接主体聘请有相应能力的人员担任

3

行政责任人	技术责任人	巡查责任人

主要职责

行政责任人	技术责任人	巡查责任人
• 防汛安全组织领导 • 组织协调解决防汛安全重大问题 • 落实巡查管护、防汛管理经费保障 • 组织开展防汛检查、隐患排查和应急演练 • 组织防汛安全重大突发事件应急处置 • 定期组织开展和参加防汛安全培训	• 为防汛管理提供技术指导 • 指导防汛巡查和日常管护 • 组织或参与防汛检查和隐患排查 • 掌握大坝安全鉴定结论 • 指导或协助开展安全隐患治理 • 指导调度运用和雨水情测报 • 指导应急预案编制，协助并参与应急演练 • 指导或协助开展突发事件应急处置 • 参加大坝安全与防汛技术培训 • 水库信息填报更新	• 大坝巡视检查 • 大坝日常管护 • 记录并报送观测信息 • 坚持防汛值班值守 • 及时报告工程险情 • 参加应急、防汛安全培训

履职要点

行政责任人	技术责任人	巡查责任人
• 了解掌握水库基本情况、管护人员情况、安全鉴定情况等 • 督促制定和落实水库防汛管理各项制度；督促防汛技术责任人和巡查责任人履职尽责；协调落实防汛安全保障措施 • 每年至少组织开展2次防汛检查；定期组织开展应急演练 • 组织开展应急处置和人员转移 • 组织参加防汛安全培训	• 掌握水库基本情况、下游影响、管护人员情况及大坝工程状况 • 掌握水库安全状况、主要病险隐患及大坝安全鉴定结论 • 组织或参与防汛检查和隐患排查 • 指导防汛巡查和安全管理 • 协助做好应急处置 • 参加防汛安全培训，了解水库管理法规制度和有关专业知识、工程安全隐患治理以及控制运用措施等知识	• 掌握水库库容、坝型、坝高等基本情况 • 掌握防汛行政责任人、技术责任人联系方式 • 掌握大坝薄弱部位、检查重点，日常管理维护的重点和要求 • 掌握闸门启闭设备操作要求、预警设施使用方法等 • 开展巡视检查并及时报告，做好防汛值班值守 • 了解应急处置方案和人员避险转移路线及下游情况 • 接受岗位技术培训

3.公告、备案与变更

● 每年汛前水库所在地人民政府或其授权部门应当组织及时更新水库大坝安全责任人和小型水库防汛"三个责任人"名单,在水库现场、地方报纸或网络等媒体上公示公告,并报上级水行政主管部门备案。

● 因责任人变动等需要变更责任人的,应及时作出调整,并报上级主管部门备案。

● 水库主管部门或水库管理单位(产权所有者)应当在水库大坝醒目位置设立标牌,公布水库大坝安全责任人和小型水库防汛"三个责任人"姓名、职务和联系方式等,接受社会监督,方便公众及时报告险情。

水库大坝安全责任人公告牌

政府责任人： 单位及职务： 联系电话：	主管部门责任人： 单位及职务： 联系电话：	管理单位责任人： 单位及职务： 联系电话：
主要职责： （1）对水库大坝安全监管和安全度汛负领导责任 （2）协调指导解决水库安全管理重大问题 （3）组织建立水库除险加固和运行管护长效机制 （4）组织重大突发事件和安全事故的应急处置 （5）督促相关单位加强水库安全管理等工作	**主要职责：** （1）承担水库安全运行监管职责 （2）负责组织建立健全水库安全管理规章制度 （3）督促指导水库管理单位落实各项安全措施，加强运行管理和维修养护 （4）组织解决水库安全管理的突出问题 （5）加强水库管理队伍能力建设，组织相关业务培训	**主要职责：** （1）承担水库安全管理和安全度汛的主体责任 （2）负责水库日常安全运行管理和维修养护工作 （3）具体建立并落实水库管理各项规章制度，严格执行调度指令，保障工程安全运行 ××××宣

水库防汛"三个责任人"公告牌

防汛行政责任人： 单位及职务： 联系电话：	防汛技术责任人： 单位及职务： 联系电话：	防汛巡查责任人： 单位及职务： 联系电话：
主要职责： （1）防汛安全组织领导 （2）组织协调解决防汛安全重大问题 （3）落实巡查管护、防汛管理经费保障 （4）组织开展防汛检查、隐患排查和应急演练 （5）组织防汛安全重大突发事件应急处置 （6）定期组织开展和参加防汛安全培训	**主要职责：** （1）为防汛管理提供技术指导 （2）指导防汛巡查和日常管护 （3）组织或参与防汛检查和隐患排查 （4）掌握大坝安全鉴定结论 （5）指导或协助开展安全隐患治理 （6）指导调度运用和雨水情测报 （7）指导应急预案编制，协助并参与应急演练 （8）指导或协助开展突发事件应急处置 （9）参加大坝安全与防汛技术培训	**主要职责：** （1）大坝巡视检查 （2）大坝日常管护 （3）记录并报送观测信息 （4）坚持防汛值班值守 （5）及时报告工程险情 （6）参加应急、防汛安全培训 ××××宣

三、水库大坝注册登记

水库大坝注册登记是水库安全管理工作的重要基础，是政府加强管理和监督的重要手段。《水库大坝安全管理条例》规定水库大坝应当按期进行注册登记。通过注册登记，可准确地掌握水库大坝的安全状况、运行管理情况，有效督促管理单位落实安全主体责任、加强大坝安全管理工作，提高安全管理水平。已建成的水库大坝，未按期申报登记的，属违章运行。

1. 注册登记原则

水库大坝注册登记实行分部门分级负责制。各级水库大坝主管部门可指定机构受理大坝注册登记工作。省级或以上各大坝主管部门负责登记所管辖的大型水库大坝和直管水库大坝；地（市）级各大坝主管部门负责登记所管辖的中型水库大坝和直管水库大坝；县级各大坝主管部门负责登记所管辖的小型水库大坝。

登记结果应进行汇编、建档，并逐级上报。

2. 注册登记基本规定

水库管理单位应在规定时限内，向指定的注册登记机构申报登记。没有专管机构的大坝，由水库管理部门申报登记。

注册登记机构应按规定完成注册登记、变更登记、注销登记、复查、发证等程序。

注册登记数据和情况应实事求是、真实准确，不得弄虚作假。

3. 注册登记工作流程

　　大坝注册登记按照申报、审核、发证的流程进行，已建成运行（或注册登记信息发生变化）的大坝，管理单位应携带大坝主要技术经济指标资料和申请书，向大坝主管部门或指定的注册登记机构申报登记并填写注册登记表。经注册登记机构审核后，颁发注册登记证，从而取得"合法身份"。

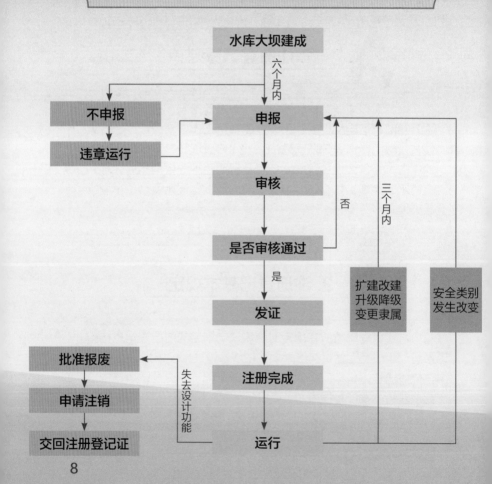

水库大坝建成

六个月内

不申报

违章运行

申报

审核

是否审核通过

否

三个月内

扩建改建
升级降级
变更隶属

安全类别
发生改变

是

发证

批准报废

申请注销

交回注册登记证

失去设计功能

注册完成

运行

8

4. 申报登记注意事项

大坝注册登记填报资料主要包括水库大坝注册登记申报表（含填报说明、注册登记表、水库概况、附图）、审查意见表、联络表等。填报时，需严格按照填表说明要求填写。

附件 1

大中型水库大坝注册登记申报表

注册登记号：
水库代码：

水库名称：
水库类别：
水库类型：
工程规模与等别：
水库主管部门：
管理单位名称：
管理单位负责人
（法人代表）：
填表日期：

注册登记申报表

附件 3　　　　　**水库大坝注册登记审查意见表**

水库管理单位申报意见：

主管负责人（签章）：　　　单位印章：　　　年　月　日

水库主管部门审核意见：

主管负责人（签章）：　　　单位印章：　　　年　月　日

负责注册登记的水行政主管部门审查意见：

主管负责人（签章）：　　　单位印章：　　　年　月　日

注册登记审查意见表

附件 4

水库大坝注册登记联络表

水库管理单位		邮政编码	
联系人		通信地址	
固定电话		传　真	
移动电话		Email	
水库主管部门		邮政编码	
联系人		通信地址	
固定电话		传　真	
移动电话		Email	
水库注册登记机构		邮政编码	
联系人		通信地址	
固定电话		传　真	
移动电话		Email	

注册登记联络表

已注册登记的大坝完成扩建、改建的；或经批准升级、降级的；或大坝隶属关系发生变化的，需办理变更登记，只需填写变更事项登记表。

经主管部门批准废弃的大坝，需向注册登记机构申请注销，填报水库大坝注销登记表，并交回注册登记证。

5. 注册登记证

水库大坝注册登记证是水库大坝的"身份证"。注册登记证主要内容包括水库名称、所在地点、工程基本特性、管理单位名称和性质以及大坝安全类别等。

四、水库大坝安全鉴定

为加强水库大坝安全管理，根据《水库大坝安全管理条例》和《水库大坝安全鉴定办法》有关规定，通过对水库永久性建筑物，以及与其配合运用的泄洪、输水和过船等建筑物的"体检"，综合评定大坝安全等级，保障大坝安全运行。

1. 安全鉴定基本要求

大坝实行定期安全鉴定制度，大坝首次安全鉴定应在竣工验收（蓄水验收）后 5 年内进行，以后每隔 6 ~ 10 年进行一次。遭遇特大洪水、强烈地震，工程发生重大事故或出现影响安全的异常现象时，应组织专门安全鉴定。坝高小于 15m 的小（2）型水库，应参照《坝高小于 15 米的小（2）型水库大坝安全鉴定方法（试行）》定期开展安全鉴定工作。

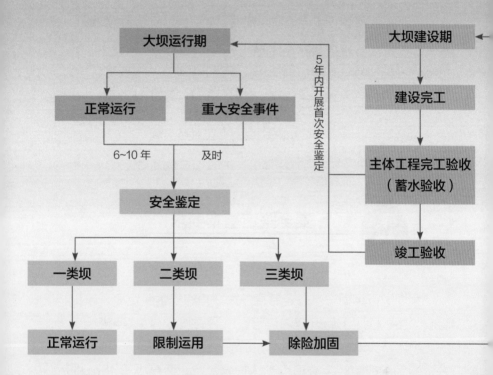

大坝运行期 ← 大坝建设期 ←

正常运行   重大安全事件   建设完工

6~10 年   及时   主体工程完工验收
                            （蓄水验收）

安全鉴定   5年内开展首次安全鉴定

一类坝   二类坝   三类坝   竣工验收

正常运行   限制运用   除险加固

2. 安全鉴定工作程序

　　水行政主管部门应按照《水库大坝安全鉴定办法》《坝高小于 15 米的小（2）型水库大坝安全鉴定办法（试行）》组织开展安全鉴定。安全鉴定包括安全评价、安全鉴定技术审查和安全鉴定意见审定三个基本程序。

　　经安全鉴定，大坝安全类别发生改变的，自接到大坝安全鉴定报告书之日起 3 个月内，大坝管理单位向大坝注册登记机构申请变更注册登记。

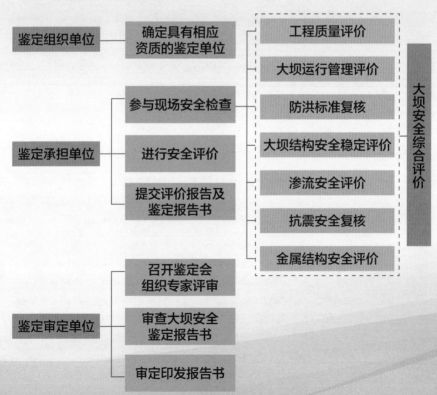

3. 安全鉴定工作要求

大坝主管部门（单位）负责组织所管辖大坝的安全鉴定工作；农村集体经济组织所属的大坝安全鉴定由所在乡镇人民政府负责组织（以下称"鉴定组织单位"）。水库管理单位协助鉴定组织单位做好安全鉴定的有关工作。

安全鉴定意见审定标准一览表

序号	工程规模	审定单位	备注
1	大型水库和影响县城安全或坝高 50m 及以上的中型水库	省级水行政主管部门	县级以上水行政主管部门对本行政区域内所辖的大坝安全鉴定工作实施监督管理
2	其他中型水库和影响县城安全或坝高 30m 及以上的小型水库	市（地）级水行政主管部门	
3	其他小型水库	县级水行政主管部门	
4	流域机构直属水库	流域机构	
5	部直属水库	水利部	

大坝安全状况等级分类标准

状况分类	状况描述
一类坝	实际抗御洪水标准达到《防洪标准》（GB 50201）规定，大坝工作状态正常；工程无重大质量问题，能按设计正常运行的大坝
二类坝	实际抗御洪水标准不低于部颁水利枢纽工程除险加固近期非常运用洪水标准，但达不到《防洪标准》（GB 50201）规定；大坝工作状态基本正常，在一定控制运用条件下能安全运行的大坝。坝高小于 15m 的小（2）型水库大坝参照《坝高小于 15 米的小（2）型水库大坝安全鉴定办法（试行）》执行
三类坝	实际抗御洪水标准低于部颁水利枢纽工程除险加固近期非常运用洪水标准，或者工程存在较严重安全隐患，不能按设计正常运行的大坝

14

　　大坝安全鉴定委员会（小组）应经鉴定审定部门组织成立，应由大坝主管部门的代表、水库法人单位的代表和从事水利水电专业技术工作的专家组成，大坝安全鉴定委员会（小组）组成人员应当遵循客观、公正、科学的原则履行职责。

大坝安全鉴定委员会（小组）相关要求一览表

工程规模	专家数量	职称	专业	备注
大型水库和影响县城安全或坝高≥50m的中型水库	≥9人	高级职称人数≥6人	水文、地质、水工、金属结构、机电、管理等相关专业	大坝主管部门所在行政区域以外的专家人数不得少于大坝安全鉴定委员会（小组）组成人员的1/3；大坝原设计、施工、监理、设备制造等单位的在职人员以及从事过本工程设计、施工、监理、设备制造的人员总数不得超过大坝安全鉴定委员会（小组）组成人员的1/3
其他中型水库和影响县城安全或坝高≥30m的小型水库	≥7人	高级职称人数≥3人	水文、地质、水工、金属结构、机电、管理等相关专业	
坝高15m及以上或库容100万m³及以上的水库	≥5人	高级职称人数≥2人	水文、地质、水工、金属结构、机电、管理等相关专业	
坝高15m以下或库容10万（含）~100万m³（不含）的水库	≥5人	高级职称人数≥1人、中级职称人数≥2人	水文、地质、水工、金属结构、机电、管理等相关专业	

五、日常巡查

日常巡查是及时发现水库大坝安全隐患最主要的措施之一，具有全面性、及时性和直观性等特点，是水库安全管理必不可少的基础性工作。通过检查和观察，及时发现水库的状态变化和安全隐患，从而把安全事故消灭在萌芽状态，确保水库大坝的安全运行。

1. 巡查主要范围

（1）大坝坝体、坝基、坝肩，各类输（泄）水建筑物，金属结构设施，近坝岸坡和其他与大坝安全有直接关系的建筑物与管理设施。

（2）水库管理和保护范围内影响工程安全运行的各类建筑物、活动、行为等。

2. 巡查频次要求

非汛期，日常巡查每月1~3次；汛期，一般每周不少于2次。当库水位接近正常高水位时，每天至少巡查1次，病险水库每天至少巡查2次。

水库首次蓄水或提高水位期间，一般每月巡查8~30次。

如遇特殊情况和工程发生险情时要加密巡查次数。水库遇特大暴雨、强地震、库水位骤变等情况，或大坝发生比较严重的破坏现象或出现其他危险迹象时，要增加监测频次，进行连续昼夜观察，夜间加大巡查频次。

3. 巡查主要方法

日常巡查原则上采用步行检查。通常采用眼看、耳听、脚踩、手摸和鼻闻等直观方法，或辅以锤、钎、钢卷尺、放大镜、照相摄像设备、石蕊试纸等工具器材，对工程表面和异常现象进行检查、量测。对安装了视频监控系统的大坝，可利用视频图像辅助检查。

高水位情况下，大坝表面（包括坝脚及附近范围）应由数人列队或反复进行检查，以防漏查。

● **眼看**——察看近坝附近水面有无漩涡；迎水面护坡块石有无松动、塌陷或突鼓；坝顶、防浪墙是否有裂缝或错位；坝顶有无塌坑；背水面、护坡、坝脚及附近范围内有无出现渗漏突鼓现象，对长有喜水性草类的地方要仔细检查，判断渗漏水的浑浊变化；大坝附近及溢洪道两侧山体岩石有无错动、裂缝；通信、电力线路等是否连接完好。

● **耳听**——是否出现不正常水流声或振动声。

● **脚踩**——检查坝坡、坝脚是否有土质松软、鼓胀、潮湿或渗水。

● **手摸**——眼看、耳听、脚踩中发现有异常情况时，用手做进一步临时性检查，对长有杂草的渗水出溢区，用手感测试水温是否异常；或辅以钢卷尺等简单工具对工程表面和异常现象进行检查、量测，如裂缝宽度及长度、塌坑大小等。

● **鼻闻**——库水、设施设备是否有异常气味，作为检查的一种辅助手段。

4. 巡查项目

　　日常巡查要紧紧围绕水库大坝、输（泄）水设施、溢洪道等各个项目开展。管理单位要根据工程布置情况，本着高效、科学和全面的原则，确定巡查路线。

巡查部位	大坝	坝体：坝顶、迎水坡（面）、背水坡（面）、坝趾
		坝基和坝区：坝基、坝趾近区、坝端、坝端岸坡
		近坝岸坡
	溢洪道	进水段
		控制段
		消能工
		工作桥
		闸门、启闭机、机电设备等
	输（泄）水洞（管）	引水段
		进水口
		洞（管）身
		出水口
		消能工
		工作桥
		闸门、启闭机、机电设备等
	管理设施	观测设施
		通信设施
		照明设施
		交通设施
		安全警示标志
		备用电源

5. 巡查记录与情况报告

（1）巡查时应带好必要的辅助工具和记录笔、本及照相机、录像机等设备。

（2）每次巡查应详细填写现场记录表（参见附录2），有关人员均应签名。如遇异常情况，应详细记录时间、部位、险情等，必要时应附简图、照片或影像记录。

（3）现场记录应及时整理，并将本次检查结果与上次或历次巡查结果进行对比分析，如发现异常，应立即进行复查。

（4）日常巡查中若发现异常情况，应分析原因，及时上报主管部门。

（5）现场巡查记录、图件及其电子文档等应整理归档。

6. 巡查注意事项

（1）突出重点部位和观察重点现象。其中，重点部位主要包括大坝迎水坡（面）、背水坡（面），坝脚及附近范围，溢洪道底板、两侧岩体，输（泄）水洞进（出）口部位，启闭设施及坝体与溢洪道、输水洞等建筑物结合部，上游水面附近及以往发现的安全隐患部位。重点现象主要包括坝体严重渗漏、塌坑、裂缝、滑坡，坝基处流土或管涌等危险迹象。

（2）巡查时，要注意检查电力、通信设备是否畅通，上坝抢险道路是否通畅；有无影响或破坏大坝安全的不法行为和活动。

7. 日常巡查工作流程

开展巡查工作应制定巡查制度、确定巡查路线，按照制度要求，明确巡查岗位职责和人员分工、做好巡查准备、开展现场巡查，认真填写巡查记录，及时上报主管部门并整理归档。

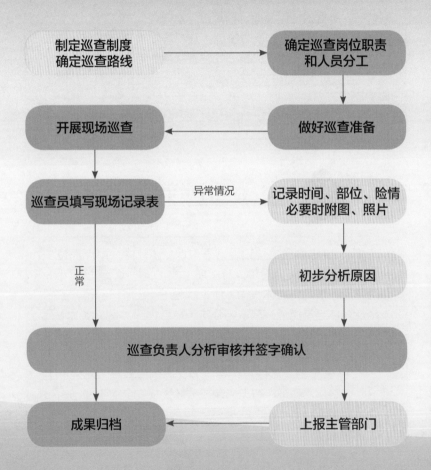

六、雨水情测报

雨水情测报要素主要包括降水量、水位、视频监控等。其中，水位主要包括库水位和放（泄）水建筑物上、下游水位。

1. 水位监测

水位监测是水库安全运行、水情预报的重要依据。其中，最主要的是库水位观测，它能够测定水库水位变化情况，并由此推求出水量的变化。

人工监测

自动监测

（1）监测设备

　　常用的水位监测设备有水尺、自记水位计和遥测水位计等。设备应设置在水流平稳、受风浪和泄水影响较小、便于观测的地方，应安装在稳定岸坡或永久建筑物上。

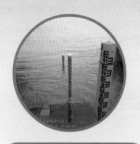

直立式水尺

倾斜式水尺

浮子式水位计

压力式水位计

液介式水位计

（2）监测时间频次

水位的基本定时监测时间为北京时间 8 时，监测次数应视水位涨落变化情况合理分布，以能测得完整的水位变化过程、满足日平均水位计算和水情拍报的要求为原则。

水位监测时间频次规定

序号	节点	频次	北京时间
1	水位平稳时	1 次 / 日	8 时
2	水位变化缓慢时	2 次 / 日	8 时、20 时
3	水位变化较大或出现较缓慢峰谷时	4 次 / 日	2 时、8 时、14 时、20 时
4	洪水期或水位变化急剧期	应每 1~6h 观测一次，暴涨暴落时应根据需要增为每 30min 观测一次	

2. 降水量监测

降水量是计算水库"水账"，掌握水库水情的一个基本因素。所测降水量乘以库区集雨面积即为降落到库区的降水总量。降水量通常以降落到地面的水层深度来表示。

（1）监测设备

　　常用的降水量监测设备有人工雨量器、自记雨量计和遥测雨量计等。设备应设置在比较开阔和风力较弱的地方，四周地形或物体不影响降水落入观测仪器内。

翻斗式雨量计

称重式雨量计

虹吸式自记雨量计

便携式光电雨量计

测雨雷达

（2）监测时间频次

　　降水量每日观测一次，观测时间以北京时间为准，每日降水量以北京时间 8 时为日分界，即从昨日 8 时至今日 8 时的降水量为昨日降水量。

（3）降雨等级标准

单位时间内的降雨量称为降雨强度，降雨强度按其等级标准可分为小雨、中雨、大雨、暴雨、大暴雨、特大暴雨等。

降雨等级标准

单位：mm

等级	12 小时	24 小时	等级	12 小时	24 小时
小雨	<5.0	<10.0	小到中雨	3.0 ~ 9.9	5.0 ~ 16.9
中雨	5.0 ~ 14.9	10.0 ~ 24.9	中到大雨	10.0 ~ 22.9	17.0 ~ 37.9
大雨	15.0 ~ 29.9	25.0 ~ 49.9	大到暴雨	30.0 ~ 49.9	38.0 ~ 74.9
暴雨	30.0 ~ 69.9	50.0 ~ 99.9	暴雨到大暴雨	50.0 ~ 104.9	75.0 ~ 174.9
大暴雨	70.0 ~ 139.9	100.0 ~ 249.9	特大暴雨	>140.0	≥ 250.0

> **（4）气象灾害预警等级标准**
>
> 　气象灾害预警等级标准总体上分为蓝色、黄色、橙色和红色四个等级（Ⅳ级、Ⅲ级、Ⅱ级、Ⅰ级），分别代表一般、较重、严重和特别严重。

● **蓝色预警标准：** 12 小时内降雨量将达 50mm 以上，或者已达 50mm 以上且降雨可能持续。

● **黄色预警标准：** 6 小时内降雨量将达 50mm 以上，或者已达 50mm 以上且降雨可能持续。

● **橙色预警标准：** 3 小时内降雨量将达 50mm 以上，或者已达 50mm 以上且降雨可能持续。

● **红色预警标准：** 3 小时内降雨量将达 100mm 以上，或者已达 100mm 以上且降雨可能持续。

3. 信息记录与报送

（1）信息记录

▲ 观测数据应及时准确地被记录在规范的表格上，水位单位以 m 表示，读数精确至 cm（即 0.01m），降雨量单位以 mm 表示，一律计至 0.1mm。

▲ 观测结果严禁追记、涂改和伪造。

水库雨水情记录表（样式表）

时间	日降雨量/mm	库容/万 m³	水位 /m			入库流量/（m³/s）	出库流量/（m³/s）				
			汛限	当日	相比汛限		灌溉	发电	泄调洪	其他	合计

（2）信息检查

▲ 检查数据的完整性。监测人员应检查监测期内的数据完整性。

▲ 检查数据的有效性。根据自动观测查看结果与人工观测水位或降雨量比对等方法检查数据的有效性。

（3）信息报送

▲ 雨水情监测信息应及时报送水行政主管部门、水库主管部门等有关单位。汛期或发生险情情况下，应当根据降雨量、库水位及险情情况增加报送频次。

▲ 雨水情信息报送应当具备必要的通信条件，可通过固定电话、移动电话和网络通信等工具，确保雨水情信息及时、可靠报送。

▲ 雨水情遥测信息应当保持在线传输，通信方式优先选用公用通信网络。

4. 管理与维护

● 管理单位应按规定对雨水情监测设施进行检查、维护、校正、更新、补充和完善；及时清除影响测值的障碍物。

● 应保持监测设备正常运转的工作条件和环境，保证在恶劣天气条件下仍能正常进行监测。

● 对于建有雨水情自动测报系统的水库，要定期对系统进行评价，评价指标包括系统畅通率和系统可用度两项。按规定对系统进行管理和维护。

雨水情自动测报系统管理与维护要点

人员管理： 系统运行管理人员应熟悉系统原理、结构和有关设备的功能与技术指标，掌握系统运行管理规程，做好日常运行管理和维护。

设备管理： 为确保野外测点安全，可采用就近委托方式进行现场管理，同时签订协议，明确双方的责任和权利，按协议支付费用。

日常维护： 管理人员每天巡视中心站设备1次，对来自遥测站的数据、设备电池电压、数据传输通道及设备工作状态进行监视和分析，并做好详细记录。一旦出现故障应及时处理。

故障处理： 中心站故障应在2小时内处理；水位故障应在6小时内处理；中继站故障，汛期应在24小时内处理；重要遥测站故障，汛期应在48小时内处理。

七、大坝安全监测

大坝安全监测作为水库大坝安全管理的重要组成部分，是掌握水库大坝安全性态的重要手段，是水库科学调度、安全运行的前提。通过安全监测和资料整编分析，及时掌握大坝安全状况，发现存在的问题和安全隐患，从而有效监控大坝工作状态，保证大坝安全。

1. 安全监测项目

大坝安全监测的对象主要有挡水建筑物（大坝、水闸等）和设备、输（泄）水建筑物（近坝库岸、渠道、船闸、高边坡等）、地下洞室［地下厂房、输（泄）水洞等］。

为监视工程安全动态，及时掌握变化情况，有效防止险情发生，水库应根据技术标准要求和安全管理需要设置监测项目。

| 土石坝 | 一般需要设置变形、渗流、压力（应力）等监测项目；具体监测项目参考《土石坝安全监测技术规范》（SL 551—2012）附录 A.1。 | 混凝土坝 | 一般需要设置变形、渗流、应力应变等监测项目；具体监测项目参考《混凝土坝安全监测技术规范》（SL 601—2013）附录 A.0.1。 |

注：坝高 15m 以上的小型水库应开展渗流、渗压监测；坝高超过 30m 的土石坝，坝高超过 50m 的重力坝、拱坝以及对下游有重大影响的，应该开展表面变形监测。

2. 大坝安全监测频次

土石坝监测频次要求

初蓄期坝体表面变形监测一般每月 10~1 次，渗流量监测一般每月 30~3 次，渗压监测一般每月 30~3 次；运行期坝体表面变形监测一般每年 6~2 次，渗流量监测一般每月 4~2 次，渗压监测一般每月 4~2 次。具体项目监测频次参考《土石坝安全监测技术规范》(SL 551—2012) 附录 A.2。

混凝土坝监测频次要求

初蓄期坝体变形监测一般每天 1 次至每周 2 次，渗流量监测一般每天 1 次，扬压力监测一般每天 1 次，应力应变监测一般每天 1 次至每周 1 次；运行期坝体变形监测一般每月 1~2 次，渗流量监测一般每周 1 次至每月 2 次，扬压力监测一般每周 1 次至每月 2 次，应力应变监测一般每月 2 次至每季度 1 次。具体项目监测频次参考《混凝土坝安全监测技术规范》(SL 601—2013) 附录 A.0.2。

当发生有感地震、大洪水、库水位骤变，以及大坝工作状态出现异常等特殊情况时，要对重点部位的有关项目增加测次，加强监测。

3. 大坝安全监测精度要求

（1）变形监测中误差限差规定

项目			位移量中误差限差
水平位移	坝体	重力坝、支墩坝	± 1.0 mm
		拱坝　径向	± 2.0 mm
		拱坝　切向	± 1.0 mm
	坝基	重力坝、支墩坝	± 0.3 mm
		拱坝　径向	± 0.3 mm
		拱坝　切向	± 0.3 mm
	表面	土石坝	± 3.0 mm
		堆石坝	± 2.0 mm
	内部	土石坝	± 2.0 mm
		堆石坝	± 2.0 mm
垂直位移	混凝土坝坝体		± 1.0 mm
	混凝土坝坝基		± 0.3 mm
	土石坝、堆石坝表面		± 3.0 mm
	土石坝、堆石坝内部		± 2.0 mm
倾斜	坝体		± 5.0″
	坝基		± 1.0″
坝体表面接缝和裂缝			± 0.2 mm
近坝区岩体	水平位移		± 2.0 mm
	垂直位移		± 2.0 mm
	倾斜		± 10.0″
滑坡体	水平位移		± 3.0 mm（岩质边坡） ± 5.0 mm（土质边坡）
	垂直位移		± 3.0 mm
	裂缝		± 1.0 mm
地下洞室	表面变形		± 2.0 mm
	内部变形		± 0.3 mm

注：1. 水平位移：下游为正，上游为负；左岸为正，右岸为负。
　　2. 垂直位移：下沉为正，上升为负。

（2）渗流监测符号及限差规定

项目		符号		最小点数
		正	负	
测压管	开敞式	基准点以上	基准点以下	1cm
	封闭式	基准点以上	基准点以下	1cm
量水堰	遥测	基准点以上	基准点以下	0.1mm
	人工	基准点以上	基准点以下	0.1mm
水质	温度	>0	<0	0.1℃
	pH 值	>0	—	0.01
	电导率	>0	—	0.01μS/cm
	透明度	>0	—	1cm
渗流压力	电感调频式	基准点以上	—	0.01% F.S
	振弦式	基准点以上	—	0.01% F.S
	压阻式	基准点以上	—	0.01% F.S
	差动电阻式	基准点以上	—	0.01% F.S

（3）应力应变监测符号及限差规定

项目		符号		最小读数
		正	负	
混凝土	应变	拉	压	$4×10^{-6}$
	应力	拉	压	0.05MPa
钢筋	应变	拉	压	$5×10^{-6}$
	应力	拉	压	1.0MPa
钢板	应变	拉	压	$5×10^{-6}$
	应力	拉	压	1.0MPa
土壤	压力	拉	压	0.1%F.S
	应力	拉	压	0.1%F.S
接触面	压力	拉	压	0.1%F.S
	应力	拉	压	0.1%F.S
温度	℃	> 0	<0	0.05

4. 大坝安全监测主要方法

　　大坝安全监测应保持监测工作的系统性和连续性，按规定的监测项目、测次和时间，在现场进行监测时，要做到"四无、四随、四固定"，以提高监测精度和效率。

| 无缺测 | 无漏测 | 无违时 | 无不符精度 |

"四无"

| 随观测 | 随记录 | 随计算 | 随校核 |

"四随"

| 固定人员 | 固定仪器 | 固定测次 | 固定时间 |

"四固定"

在水库安全运行管理中，作为监测大坝安全的"耳目"，安全监测仪器不仅包括专门用于监测的传感器类仪器，还包括大地测量所使用的仪器。水库管理单位要明确责任，健全制度，加强水库大坝安全监测设施的管理与保护。仪器设备应由专人管护，建立完备的技术档案，按照技术规范要求，定期对仪器设备进行保养、率定、校验。

全站仪　　　　　觇牌

水平位移监测
水平位移监测常用的方法包括活动觇牌法、小角度法、引张线法、钢丝位移计监测法等。

垂线坐标仪　　　静力水准仪

垂直位移监测
垂直位移监测常用的方法包括几何水准法、液体连通管法、准直线法 、GPS 法 等。

電測水位計　　　　　渗壓計

渗壓監測
渗壓監測常用的方法包括測壓管監測法和孔隙水壓力計監測法等。

三角堰　　　　　量筒

渗流量監測
渗流量監測常用的方法包括容積法、量水堰法、流速法等。

振弦式讀數儀　　　　錨索測力計

應力應變及溫度監測
應力應變及溫度監測常用的方法包括應變計監測法、收斂計監測法、溫度計監測法等。

5. 安全监测工作程序

　　水库管理人员应充分认识大坝安全监测工作的重要性，从原始数据采集、原始数据整理、资料整编、资料分析、编写成果、成果上报等全过程了解大坝安全监测工作的主要程序和步骤，掌握大坝安全运行性态。

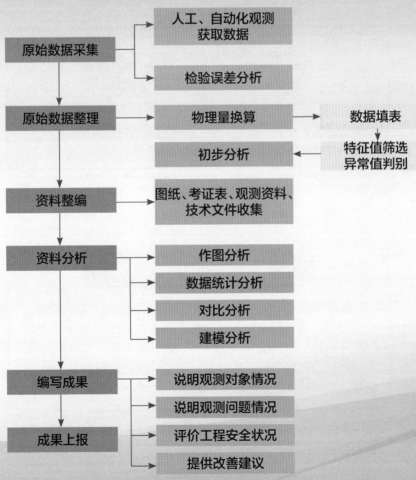

6. 监测资料整编分析

安全监测资料的整编分析是评价大坝运行状态的主要手段。只有结合工程实际情况进行资料分析，才能发现大坝存在的隐患或病险。

基准值选取

监测仪器基准值选取是监测资料整理计算中的重要环节，必须考虑仪器安装埋设的位置、所测介质的特性及周围温度、仪器的性能及环境等因素，正确建立基准值。

及时整理观测数据

每次观测后，应对观测数据及时进行检验、计算和处理，检验原始记录的可靠性、正确性和完整性。如有漏测、误读（记）或异常，应及时补（复）测、确认或更正。在日常资料整理基础上，对资料定期整编，整编成果应项目齐全、考证清楚、数据可靠、图表完整、规格统一、说明完备。

定期对监测成果进行分析

分析各监测物理量的变化规律和发展趋势，各种原因量和效应量的相关关系及相关程度，并对工程的工作运行状态（正常状态、异常状态、险情状态）及安全性作出具体评价。同时，预测变化趋势，并提出处理意见和建议。

系统鉴定

大坝安全监测系统应定期进行鉴定，监测系统竣工验收后或投入使用后 3 年内应进行首次鉴定，之后应根据监测系统运行情况每间隔 3~5 年或必要时进行鉴定，宜结合大坝安全鉴定开展监测系统鉴定。

承担大坝安全监测系统鉴定的单位应具备相应资质或业绩，从事鉴定的人员应具有相应资格或从业经验。

大坝安全监测系统鉴定结论分为正常、基本正常和不正常三个等级。正常的监测系统应继续运行；基本正常的监测系统可继续运行，宜及时进行修复完善；不正常的监测系统应及时更新改造。

八、维修养护

水库工程维修养护是为维持、恢复或局部改善原有工程面貌，保障工程安全、完整、正常运行，发挥正常效益的一项基础性工作。

 ## 1. 主要内容和要求

维修养护原则

水库工程维修养护主要包括养护和维修两方面工作，水库主管部门（单位）或管理单位应坚持"经常养护，随时维修，养重于修，修重于抢"的原则，根据工程及设施设备的具体特点，制定维修养护制度，及时消除各主要建筑物及设施表面的缺陷和局部问题。

维修养护制度

水库主管部门（单位）或管理单位应根据工程及设施设备的具体特点，制定维修养护制度。维修养护制度应明确维修养护类别、内容、方式、频次、质量标准、考核、档案管理以及专项维修项目的实施程序、检查、验收等要求。

维修养护对象

维修养护对象主要包括坝顶、坝端、坝坡、坝基、坝区、输（泄）水建筑物、排水设施、闸门及启闭设备、地下洞室、边坡、机电设施、监测设施、交通设施及其他辅助设施等。

2. 工程养护

养护是指对已建水库工程进行保养和维护，及时处理局部、表面、轻微的缺陷，以保持工程完好、设施设备完整，操作灵活，清洁美观。

经常性养护	定期养护	专门性养护
是保障工程设施设备等正常运行的日常管理行为，应及时进行。	包括年度养护、汛前养护和冬季养护。应在每年汛前、汛后、冬季来临前或易于保证养护工程施工质量的时间段内进行。	对工程设施设备等某个组成部分所具备的特定功能可正常发挥而进行的针对性养护。应制定养护方案并及时进行，若不能及时进行养护施工，应采取临时性防护措施。

土石坝养护内容

包括坝顶、坝端、坝坡、混凝土面板、坝区、边坡、闸门及启闭机设备、地下洞室、监测设施维护和其他养护。

混凝土坝养护内容

包括混凝土表面、变形缝止水设施、排水设施、闸门及启闭机设备、地下洞室、监测设施维护和其他养护。

 ## 3. 工程维修

维修是指对已建水库检查中发现工程或设备出现局部损坏、性能下降以致失效时，为恢复原设计标准达到使用功能，采取的各种修补、处理、加固等措施。

岁修

每年有计划地对各水工建筑物、地下洞室、边坡和设施设备等进行的修理工作。

大修

当水工建筑物、地下洞室、边坡和设施设备等出现影响使用功能或存在结构安全隐患时，采取的重大修理措施。

抢修

当水工建筑物、地下洞室、边坡和设施设备等出现重大安全隐患时，在尽可能短的时间内暂时性消除隐患而采取的突击性修理措施。

土石坝维修内容

包括坝坡修理、混凝土面板修理、坝体裂缝修理、坝体滑坡修理、大坝渗漏修理、排水导渗设施修理、坝下埋涵（管）修理、边坡修理等。

混凝土坝维修内容

包括混凝土裂缝修理、补强加固、渗漏处理、剥蚀修理、磨损修理、空蚀及碳化修理、水下修补与清淤（渣）。

4. 工作程序

　　水库管理单位应根据水库安全运行状况，制订维修养护计划，并报主管部门审批。结合病害程度、类型等因素，研究制定行之有效的维修养护方案，将问题消除在萌芽状态，避免问题发展，保障工程正常运行。

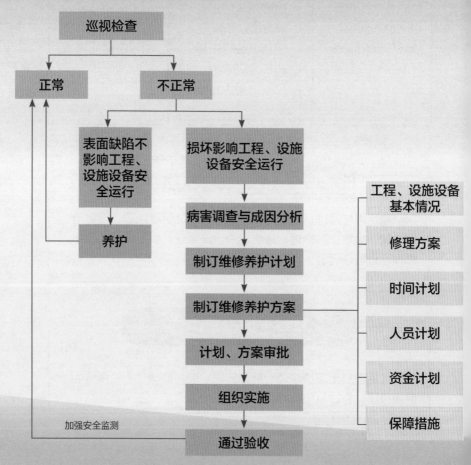

5. 工作要求

土石建筑物

建筑物外观干净平整，砌筑牢固密实，排水通畅，结构完好，各项功能正常，无雨淋沟、坑洼、翘起、塌陷、松动、脱落、风化、破碎、裂缝、隆起、淤堵等缺陷隐患。

混凝土建筑物

建筑物外观干净平整，结构完好，各项功能正常，无破损、裂缝、隆起、碳化、气蚀、磨损、剥落、淤堵等缺陷隐患。

闸门

闸门（含拦污栅、栏杆等金属结构）面板、梁系、支臂及构件外观整洁，结构完整牢固，运转灵活可靠，防腐保护涂层完好，无锈蚀、松动、开裂、磨损、变形、异响、水生物、泥沙、污垢、杂物等缺陷隐患；止水、防冻设备设施完好，工作正常。

启闭机

启闭机机架及启闭系统组件、构件外观整洁，结构完整牢固，运转灵活可靠，防腐涂层完好，无锈蚀、裂纹、渗漏、异响、老化、磨损、变形、松动等缺陷隐患；制动器动作灵活，工作准确可靠；减速器油位合适，密封完好，运转平稳无异常声响；钢丝绳润滑良好无锈迹，端部固定牢靠，断丝数、磨损量等均符合规范要求。

45

机电设备

动力设备外观整洁，运转灵活可靠，各部位无污垢、锈蚀、松动、卡阻、异响、磨损、破损等缺陷隐患；各种控制、动力、照明、电源等设备设施内外整洁，动作灵活可靠，无破损、受潮、老化、漏电、短路、断路、虚连等缺陷隐患。各种指示信号灵敏，表计指示正确。

观测设施和监控设备

大坝安全监测、雨水情监测、视频监控设备设施完好无损，无变形、损坏、堵塞，安装牢固，数据精确，工作可靠，运行正常。

其他辅助设施

防汛道路及管理区内道路、供排水、通信及照明设施完好无损；启闭机机房、设备和办公用房整洁，房屋主体工程的梁、板、柱、顶灯结构完整，无损坏、倾斜和严重变形；标志标识牌安装牢固，整洁完好，无脱落、变形、破损、丢失。

九、调度运用

水库调度运用是利用水库的调蓄能力，根据水库设计确定的任务、参数、指标及有关运用原则，结合各用水部门的合理需求，有计划地对入库径流进行蓄泄，达到兴利除害目的的过程。水库调度运用是保障水库安全、充分发挥综合效益的重要措施。

1. 基本任务

在确保水库大坝安全的前提下，按设计确定或上级主管部门核定的任务、调度原则，合理安排水库的蓄、泄、供水方式，充分发挥水库防洪、供水、灌溉、发电、航运、生态等功能和作用。

2. 基本原则

水库管理单位应当根据批准的计划和水库主管部门的指令进行水库的调度运用。水库调度运用应坚持安全第一、统筹兼顾，兴利服从防洪、局部服从整体的原则，在保证水库工程安全、服从防洪总体安排的前提下，协调防洪、兴利等任务及社会经济各用水部门的关系，实现水库综合效益的最大化。

3. 主要工作内容

水库调度运用的主要内容包括：编制调度规程、制定调度方案（运用计划）、进行水文预报、实时调度管理等。

4. 调度规程

　　水库调度规程是水库调度运用的依据性文件，应明确调度任务，提高水库调度的计划性和预见性。大中型水库参照《水库调度规程编制导则》（SL 706—2015）编制调度规程，小型水库参照《小型水库调度运用方案编制指南》编制调度规程。

规程编制要求

- 水库调度规程应由水库主管部门或管理单位组织编制。水库主管部门或管理单位可自行编制或委托有相应资质的单位编制。
- 水库调度规程编制应收集与水库调度有关的自然地理、水文气象、社会经济、工程情况及各部门对水库调度的要求等基本资料，并对收集的资料进行可靠性和合理性检查。
- 水库调度规程编制应以经审查批准的水库设计文件确定的任务、原则、参数、指标为依据。
- 当水库调度任务、运行条件、调度方式、工程安全状况等发生重大变化，需要对水库调度规程进行修订时，应进行专题论证，并报原审批部门审查批准。
- 水库调度规程应按"权责对等"原则明确水库调度单位、主管部门和运行管理单位及其相应责任与权限。

规程主要内容

○ 总则：编制目的和依据、适用范围、水库概况、设计功能、调度目标和任务、调度原则、调度责任部门及其相应职责权限等，以及其他共性规定。

○ 调度条件与依据：水库安全运用条件、基本资料及水文气象观测与预报要求。

○ 防洪与防凌调度。

○ 灌溉与供水调度。

○ 发电、航运、泥沙及生态用水调度。

○ 综合利用调度。

○ 水库调度管理。

○ 附则、附录。

规程审定

水库调度规程应按管辖权限由县级以上水行政主管部门审定。调度运行涉及两个或两个以上行政区域的水库，应由上一级水行政主管部门或流域机构审定。

5. 调度方案（运用计划）

水库管理单位要依照调度规程，编制调度运用计划，包括兴利调度运用计划和汛期调度运用计划，报请水库主管部门审批后实施，并抄报上级主管部门备查。

方案主要内容

编制依据。

工程特性指标。

防洪调度方案（运用计划）。

兴利调度方案（运用计划）。

方案审批

水库调度方案（运用计划）应由有调度权限的调度管理部门审查批复后执行，报有管辖权的人民政府防汛指挥机构备案。

方案修订

如工程状况、运行条件、调度任务、调度方式、保护对象、设计洪水等情况发生变化，应当及时修订并报原审批部门审批；如工程情况基本无变化，调度执行单位每年应当向审批单位报备或者报告。

6. 防洪调度

调度原则

（1）在保证大坝安全的前提下，按下游防洪需要对洪水进行调蓄。

（2）水库与下游河道堤防和分、滞洪区防洪体系联合运用，充分发挥水库的调洪作用。

（3）防洪调度方式的判别条件要简明易行，在实时调度中对各种可能影响泄洪的因素要有足够的估计。

（4）汛期限制水位以上的防洪库容调度运用，应按各级防汛指挥部门的调度权限，实行分级调度。

调度方式

预泄调度：在洪水入库前，可利用洪水预报提前加大水库的下泄流量（最大不超过下游河道的安全泄量），腾出部分库容用于后期防洪。

补偿和错峰调度：在确保枢纽工程安全的前提下，可采用前错或后错方式，应明确规定错峰起始的控制条件。

实时预报调度：根据预报入库洪水、当时水库水位和规定的各级控制泄量的判别条件，确定水库下泄流量的量级，实施水库预报调度。

调度任务

根据规划设计确定或上级主管部门核定的水库安全标准和下游防护对象的防洪标准、防洪调度方式及各防洪特征水位对入库洪水进行调蓄，保障大坝和下游防洪安全。遇超标准洪水时，应保障大坝安全并尽量减轻或避免下游的洪水灾害。

调度计划

　　水库调度管理单位应根据设计的防洪标准和水库洪水调度原则，结合枢纽工程实际情况，制定年度洪水调度计划，主要包括以下内容：

　　（1）计划编制的指导思想及主要依据。

　　（2）枢纽工程概况及水库运用原则。

　　（3）有关各项防洪指标的规定。

　　（4）洪水调度规则。

　　（5）绘制水库洪水调度图，并附以文字说明。

7. 兴利调度

调度任务

　　根据枢纽工程设计的开发目标、参数、指标和兴利部门间的主、次关系及要求，合理调配水量，充分发挥水库的兴利效益。

调度原则

　　保证枢纽工程安全，坚持计划用水、节约用水、一水多用的原则；保证重点、兼顾其他、充分协商、顾全整体利益的原则。

调度内容

　　兴利调度主要内容包括：灌溉与供水调度、发电调度、航运调度、泥沙及生态用水调度、综合利用调度等。

调度方式

　　承担多项兴利任务的水库宜根据各任务设计保证率大于、等于、小于来水频率的情况拟定相应调度方式，包括保证运行方式、加大供水方式和降低供水方式的蓄放水规则。

调度计划

　　调度计划包括：预测、拟定计划期内的来水过程；协调用水部门对水库供水的要求；拟定计划期内控制时段的水库运用指标；拟定调度计划；拟定实施调度计划的措施。

8. 调度管理

调度要求

- 水库调度单位应组织制订水库调度运用计划、下达水库调度指令、组织实施应急调度等，并收集掌握流域雨水情、水库工程情况、供水区用水需求等情报资料。
- 水库管理单位应执行水库调度指令，建立调度值班、巡视检查与安全监测、水情测报、运行维护等制度，做好水库调度信息通报和调度值班记录。
- 水库管理单位应严格按照水库调度规程进行调度运行，建立有效的信息沟通和调度会商机制，编制年度调度总结并报上级主管部门，妥善保管水库调度运行有关资料并归档。

调度执行

　　水库管理单位应当根据批准的计划和水库主管部门的指令进行水库的调度运用。在汛期，水库调度运用必须服从防汛指挥机构的统一指挥。

　　调度执行单位应当严格执行调度指令，按照调度指令规定的时间节点和要求进行相应调度操作，可采取书面、电话等方式反馈调度指令执行情况并做好调度记录。

　　调度指令应当以书面形式下达。紧急情况下，调度管理单位主要负责人或其授权的负责人可通过电话方式下达调度指令并做好记录，后续及时补发书面调度指令。

调度指令

　　调度指令内容应包含：指令执行单位、当前水库水位、调度对象、执行时间、出库流量、开闸（孔）数量、机组运行数量等。

调度记录

　　水库管理单位要做好值班调度记录，严格履行交班手续。对重要的调度命令和上级指示要进行录音或文字传真。

　　水库管理单位要建立水库调度运用技术档案，水文数据、水文气象预报成果、调度方案的计算成果、调度决策、水库运用数据等，要按规定及时整理归档。

调度总结

　　每年汛末和年底分别编写洪水调度总结、兴利调度总结及有关专题技术总结。总结报告应报上级主管部门备案。

水库调度流程图

调度管理单位应当密切关注实时及预报雨水情，统筹防洪、供水、生态、调沙、发电、航运等需求和水库当前工情，明确调度目标，组织制定实时调度方案，经调度会商决策后，向调度执行单位下达相应调度指令。

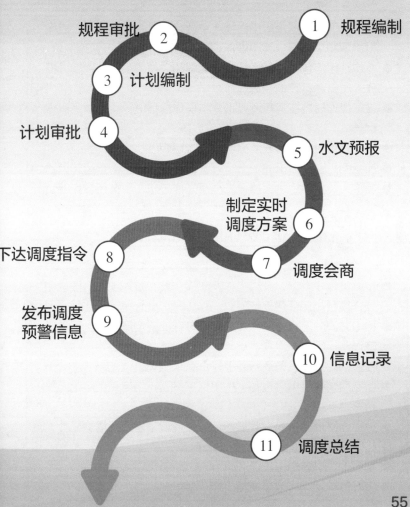

规程审批 ② 　　　　　① 规程编制
③ 计划编制
计划审批 ④ 　　　　⑤ 水文预报
制定实时调度方案 ⑥
下达调度指令 ⑧ 　⑦ 调度会商
发布调度预警信息 ⑨
⑩ 信息记录
⑪ 调度总结

十、闸门和启闭机操作运行

闸门及启闭机是水库水工建筑物的重要组成部分，是调节水库水位水量，保证水库功能和效益发挥的关键环节。

1. 基本规定

- 管理单位应根据水库工程特点及调度要求，按照闸门、启闭机类型和功能要求编制操作规程，制定相应的运行管理制度。
- 操作规程应包括设备运行主要流程和注意事项，并能指导操作人员安全可靠地完成操作。
- 设备操作时应按运行调度指令与操作规程进行，并填写运行记录。
- 操作规程应在操作场所醒目位置上墙明示。
- 加强闸门及启闭机的安全运行管理，保障安全稳定运转。
- 操作人员要熟练掌握操作流程及操作方法，不得违章作业。

2. 操作前准备工作

- 按调度指令要求，开具工作票和操作票；核对工作票要求和操作项目，保证通信畅通。
- 检查并消除运行涉及区域内可能存在的安全隐患及上下游影响设备运行的漂浮物。
- 检查闸门启闭设备运行路径是否有卡阻物。
- 检查启闭机及电气设备、失电保护装置、供电和备用电源是否符合运行要求。
- 检查远程控制系统、数据通信、监控设备是否正常。
- 检查限位开关是否灵活可靠。
- 观察上、下游水位和流态。
- 做好各项观测和记录准备工作。

3. 闸门启闭运行操作

- 按操作规程要求，由经培训合格的人员进行操作。
- 闸门运行改变方向时，应先停止，然后再反方向运行。
- 不具备无人值守条件的，操作闸门过程中应有人巡视和监护。
- 闸门启闭过程中如发现超载、卡阻、倾斜、停滞、异响等情况，应立即停机并检查处理。
- 闸门启闭后，应核对开启高度是否满足要求。
- 闸门不得停留在振动或水流紊乱的区域。
- 用手摇机构操作闸门时，当闸门开启接近最大开度或关闭位置时，应注意及时停机。
- 采用集中控制的闸门，应按设定程序进行操作，并保留操作记录。

4. 闸门操作记录

- 记录内容应详尽真实，可量化的记录内容应以数值形式填写，不易量化的内容，文字描述应准确、规范。记录数据的修约处理，具体应按《数值修约规则与极限数值的表示和判定》（GB/T 8170—2008）的规定执行；记录数据的更改，具体应按《检测和校准实验室能力的通用要求》（GB/T 27025—2019）的规定执行。
- 记录内容应主要包括：启闭依据，操作时间、人员，启闭过程及历时，上、下游水位及流量，操作前后设备状况，操作过程中出现的不正常现象及采取的措施等。启闭操作完成后，操作记录应由操作人员和监护人员签字。

5. 闸门启闭注意事项

1

● 过闸流量必须与下游水位相适应，使水跃发生在消力池内，可根据实测的闸下水位安全流量关系图表进行操作。

● 过闸水流应平衡，避免发生集中水流、折冲水流、回流漩涡等不良流态。

● 关闸或减少过闸流量时，应避免下游河道水位降落过快。

● 避免闸门停留在发生振动的位置运用。

2

多孔水闸闸门应按设计提供的启闭程序或管理运用经验进行操作运行，一般应同时分级均匀启闭，不能同时启闭的，应由中间孔向两边依次对称开启，由两边向中间孔依次对称关闭。

3

● 闸门运行改变方向时，应先停止，然后再反方向运行。

● 不具备无人值守条件的，操作闸门时应有人巡视和监护。

● 闸门启闭发生卡阻、倾斜、停滞、异常响声等情况时，应立即停机，并检查处理。

● 闸门操作应满足其调度运行要求，闸门不得停留在异常振动或水流紊乱的位置。

● 闸门启闭后应核对开启高度，按照要求完成工作。

● 闸门操作应有专门记录，并归档保存。

6. 启闭机操作注意事项

- 固定卷扬式启闭机和移动式启闭机的钢丝绳不应与其他物体刮碰，不应出现影响钢丝绳缠绕的爬绳、跳槽等现象。
- 开度、荷载装置以及各种仪表应反应灵敏、显示正确、控制可靠。
- 启闭机运转时如有异常响声，应停机检查处理。
- 启闭机运转时，不具备无人值守条件的启闭机及电气操作屏旁应有人巡视和监护。
- 用应急装置或手摇装置操作闸门时，当闸门接近启闭上限或关闭位置时应及时停止操作。

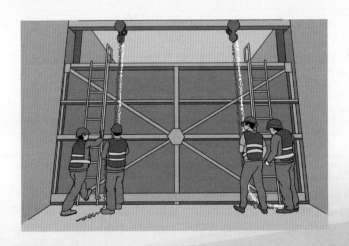

十一、安全度汛

为防御洪水，减轻洪涝灾害，维护人民生命和财产安全，大坝管理单位和有关部门应当做好防汛抢险和洪水预报工作，确保水库运行安全。

1. 洪水预报

水库调度管理单位应开展洪水预报工作，使用的预报方案应符合预报规范要求，并经上级主管部门审定。

预报内容

预报内容包括：入库洪峰、洪量、洪水过程、水库最高水位、最大泄量以及各运行期的入库径流量。

预报方法

水文学方法、水力学方法、系统数学模型等。

预报精度

洪水预报方案建立后，应进行精度评定和检验，衡量方案的可靠程度，确定方案精度等级。经精度评定，洪水预报方案精度达到甲、乙两个等级者，可用于发布正式预报；方案精度达到丙级者，可用于参考性预报；方案精度在丙级以下者，只能用于参考性估报。

2. 洪水预警

洪水预警是指向社会公众发布的洪水预警信息，一般包括发布单位、发布时间、预警信号、预警内容等，预警信号附后。

预警发布

由县级以上人民政府防汛抗旱指挥机构、水行政主管部门或者水文机构按照规定权限向社会统一发布，禁止任何其他单位和个人向社会发布水文情报预报。

预警等级

洪水预警等级由低到高分为蓝色、黄色、橙色和红色四个等级。

洪水蓝色预警（小洪水）Ⅳ级：库水位已达防洪高水位。

洪水黄色预警（中洪水）Ⅲ级：库水位已超过防洪高水位，但低于设计洪水位。

洪水橙色预警（大洪水）Ⅱ级：库水位已超过设计洪水位，但低于校核洪水位。

洪水红色预警（特大洪水）Ⅰ级：库水位已达校核洪水位及以上。

预警信息发布

　　预警信息发布应及时、准确、客观、全面，最大限度地预防和减少突发事件发生。

信息类别	责任单位	报告单位	报告内容	报告方式	时间频次要求
水库水情信息	水库主管部门	应急指挥办公室	不同雨情、时情、段水水位、库下流量、水泄	电话、网络、传真、电台	红色、橙色预警信息发布后，每2h报告一次；黄色、蓝色预警信息发布后，每8h报告一次，必要时根据需要加密

预警响应

　　预警信息发布后，对应红色、橙色、黄色、蓝色预警，应分别启动Ⅰ级、Ⅱ级、Ⅲ级、Ⅳ级应急响应。预案启动后，应急组织体系开始运转，相关人员在规定的时间内到位，应急处置随即开展；同时，向社会公众发布预警信息，做好应急撤离准备。

3. 防汛抢险

在汛期，水库工程管理单位必须按照规定对水工程进行巡查，发现险情时，必须立即采取抢护措施，并及时向防汛指挥部门和上级主管部门报告。其他任何单位和个人发现水工程设施出现险情时，应当立即向防汛指挥部门和工程管理单位报告。防汛指挥部门应根据具体情况，按照预案立即提出紧急处置措施，供当地政府或上一级相关部门指挥决策。

抢险调度

根据水库发生的险情，确定水库最高水位及最大下泄流量，制定相应的水库抢险调度方案。

按照抢险调度方案制定相应的操作规程，明确水库调度权限、执行部门等。

抢险组织

主管单位应明确水库防汛指挥部指挥长、副指挥长及成员单位负责人，明确实施《防汛抢险应急预案》的职责分工和工作方式，并明确水库抢险专家组组成。

抢险队伍

根据抢险需求和当地实际情况，确定抢险队伍组成、人员数量和联系方式，明确抢险任务，提出设备要求等。

抢险物资

各级防汛指挥机构的办事部门是本辖区内防汛物资储备的主管部门。

各级防汛指挥机构的办事部门、重点防洪工程管理单位可采取自储、委托储备、社会号料等多种储备方式，使防汛物资储备总量达到定额要求。

各级防汛物资储备定额应由同级防汛指挥机构的办事部门组织所辖工程管理单位编制、汇总后，报同级防汛指挥机构审批，并报上一级防汛指挥机构备案。

　　防汛抢险基本物资种类包括抢险物料、救生器材、小型抢险机具等。应随着新技术、新材料、新设备的发展增加物资品种，并根据实际需要进行储备。

水库大坝防汛物资储备单项品种基础表

单位：1座

工程类别	抢险物料						救生器材		小型抢险机具			
	袋类	土工布	砂石料	块石	铅丝	桩木	救生衣	救生舟	发电机组	便携式工作灯	投光灯	电缆
单位	条	m²	m³	m³	kg	m³	件	艘	kW	只	只	m
大（1）型	20000	8000	2200	2000	2000	4	200	2.5	40	40	2.5	650
大（2）型	15000	6000	1800	1500	1500	3	150	2	30	30	2	500
中型	9000	4000	1000	1000	1000	2	100	1.5	20	20	1.5	300
小（1）型	4500	2000	500	500	500	1	50	1	10	10	1	150
小（2）型	1500	800	200	150	200	0.5	20	5	5	1	50

注：块石和砂石料的储备视水库大坝工程情况和抢险需要在总量范围内可以相互调整。

水库大坝工程现状调整系数表

工程现状	大坝安全状况（$\eta_{库1}$）			坝长（$\eta_{库2}$）				坝高（$\eta_{库3}$）			
	一类	二类	三类	<100 m	100~1000 m	1000~2000 m	>2000 m	<15 m	15~30 m	30~50 m	>50 m
调整系数（$\eta_{库i}$）	1.0	1.5	2.5	0.7	0.7~1.0	1~1.1	>1.1	0.8	0.8~1.1	1.1~1.35	>1.35

注：大坝安全程度根据大坝安全鉴定成果或注册登记资料确定。

防汛物资管理：

（1）验收入库：应按照《防汛储备物资验收标准》（SL 297）的规定组织入库物资验收工作，对质量、数量符合要求的办理入库手续，验收不合格的不得入库。

（2）存放保管：每批（件）物资都应配有明确标签，标明编号、品名、数量、质量和生产日期、入库时间，做到实物、标签、台账相符。

（3）巡查检查：应按照防火、防水、防潮、防腐、防虫、防鼠等要求对物资进行巡查、检查，使物资始终处于良好状态，保证随时调用。

（4）出库调用：物资出库应严格执行调度指令，按照指令要求组织物资调运工作，物资出库交接手续齐全，符合相关要求。

防汛物资储备管理标准化样式图

十二、水库大坝安全管理应急预案

水库大坝安全管理应急预案是控制水库大坝风险最重要、最有效的非工程措施，是针对水库大坝可能的突发事件，分析其发生的可能性大小，研究其发生的过程和特征，预测其影响后果的范围与程度，制定的行之有效的处置方案。

1. 编制原则

预案编制应贯彻"以人为本、分级负责、预防为主、便于操作、协调一致、动态管理"的原则。

2. 主要内容

预案编制内容应包括：预案版本号与发放对象，编制说明，突发事件及其后果分析，应急组织体系，运行机制，应急保障，宣传、培训与演练，附表、附图等。具体文本编写提纲可参考《水库大坝安全管理应急预案编制导则》（SL/Z 720—2015)附录 A。

3. 编制要求

预案编制应由水库管理单位或其主管部门、水库所有者（业主）组织，并应履行相应的审批和备案手续。

| 有运行管理单位的水库 | | 可由管理单位委托相关设计单位或科研机构编制 |

| 没有运行管理单位的小型水库 | | 可由水库主管部门或业主委托相关设计单位或科研机构编制 |

（1）预案的审批和备案

水库大坝安全管理应急预案

报大坝安全管理行政责任人所在同级政府或其委托防汛指挥机构批准和发布

报上一级人民政府水行政主管部门和防汛指挥机构备案

（2）宣传、培训及演练

预案演练的形式包括专题讨论会、训练、桌面演习、操作演习、大规模演习等。通过宣传、培训及演练，使有关部门和人员熟练掌握预案内容、提高预案实施能力。

宣传	培训	演练
范围		
●针对溃坝洪水淹没区内的公众	●针对应急指挥部各成员单位或部门责任人以及水库运行管理单位员工	●针对所有相关责任部门、水库运行管理单位以及公众
目的		
●公众参与是确保应急预案有效性的重要一环。需要确定以适当的方式向溃坝洪水淹没区的公众宣传水库大坝存在的风险，让公众了解溃坝突发事件的应急处置流程，充分理解报警和撤离的信号，知道大坝发生意外时如何撤离，但又不至于造成不必要的人为恐慌	●确保完全熟悉溃坝应急预案的所有内容及有关设备情况，了解各自的权利、职责和任务	●通过演练检验水库管理单位、主管部门（业主）及公众的反应，核实报警和通信设施的有效性，发现问题和不足，对预案进行改进和完善

（3）预案修订

为保证预案的有效性，要根据大坝工程安全状况、运行条件与应急组织体系中涉及的相关单位与人员变化，及时对预案进行修订。

4. 运行流程

水库大坝突发事件按照其后果严重程度、可控性、影响范围等因素分为特别重大、重大、较大、一般四个等级，事件发生后应立即启动预案，按照预案工作流程开展工作。

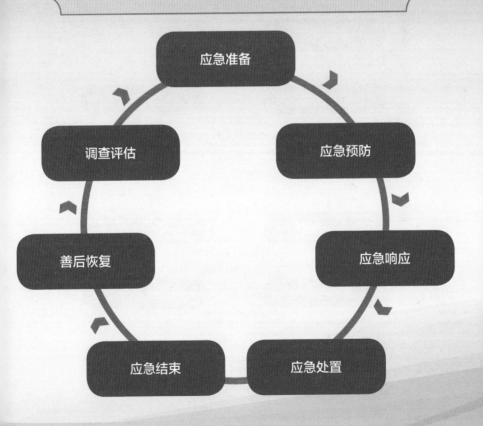

 ## 5. 应急响应程序

在遇突发情况时，相关单位应按照编制的《水库大坝安全管理应急预案》《防汛抢险应急预案》开展应急响应处置工作。

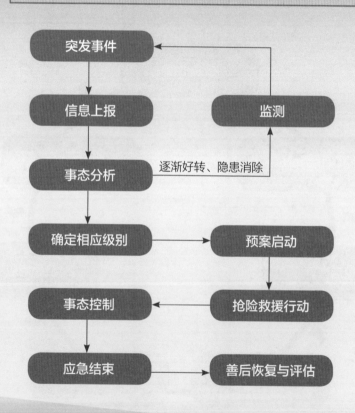

十三、工程划界确权

工程划界是指依据有关法律法规和技术标准，经县级以上人民政府批准，划定水利工程管理和保护范围用地。它是依法保护水利工程的重要措施，是维护工程安全运行的重要保障，为依法行政、依法管理工程奠定基础，对工程发挥综合效益具有重要影响。

1. 工程管理和保护范围

（1）工程管理范围

　　水库工程管理范围包括工程区管理范围和运行区管理范围。其中，工程区管理范围包括大坝、溢洪道、输水洞等建（构）筑物周围的管理范围和水库土地征用线以内的库区；运行区管理范围包括办公室、会议室、资料档案室、仓库、防汛调度室、值班室、车库、食堂、值班宿舍及其他附属设施等建（构）筑物的周边范围。

水库工程区管理范围用地指标

工程区域	上游	下游	左右岸	其他
大型水库	从坝脚线向上游150~200m	从坝脚线向下游200~300m	从坝端外延100~300m	
中型水库	从坝脚线向上游100~150m	从坝脚线向下游150~200m	从坝端外延100~250m	

工程区域	上游	下游	左右岸	其他
泄洪道（与坝体分离的）				由工程两侧轮廓线或开挖边线向外50~200m，消力池以下100~300m
其他建筑物				从工程外轮廓线或开挖边线向外30~50m

注：1. 上游、下游和左右岸管理范围端线应与库区土地征用线相衔接。
　　2. 大坝坝端管理范围经论证确有必要扩大的，可适当扩大。
　　3. 平原水库管理范围可根据实际情况适当减小。

水库运行区管理范围用地面积

工程规模	用地面积标准
大型水库	125~195m²/人
中型水库	135~235m²/人

注：有条件设置渔场、林场、畜牧场的，应按其规划明确占地面积。

（2）工程保护范围

　　水库工程保护范围包括工程保护范围和水库保护范围。其中，工程保护范围在工程管理范围边界线外延，通常大型水库上、下游 300~500m，两侧 200~300m；中型水库上、下游 200~300m，两侧 100~200m；小型水库上、下游及两侧各 50m。水库保护范围为坝址以上、库区两岸（包括干、支流）土地征用线以上至第一道分水岭脊线之间的土地。

2. 划界确权

　　"划界"是指依据国家有关的法律法规和技术标准，划定工程管理范围及保护范围。

　　"确权"是指依据工程管理范围划定标准，向土地主管部门提出申请，由土地主管部门核准并颁发《土地使用证》，设立界桩，取得水工程占地和管理范围内土地使用权的过程，确权范围为工程管理范围。

划界确权流程图

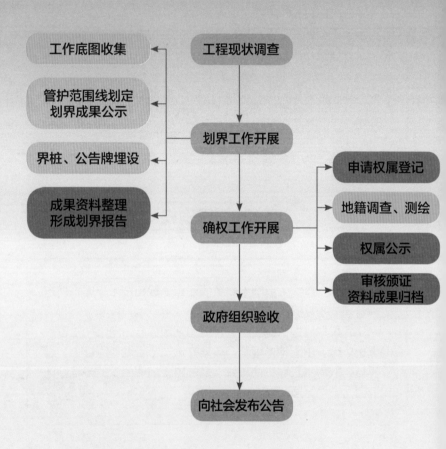

注： [   ] 可同时进行

该流程图主要针对已建成水库

3. 标示牌与界桩

（1）标示牌

标示牌是由管理单位向社会公众告知水利工程管理与保护范围及其划定依据、管理要求的标志物。

以水库为参照物，将标示牌分为正面和背面，面向管理范围的内立面为正面，面向管理范围的外立面为背面。正面和背面均应标注水库工程管理范围和保护范围及其法定内容。

××工程管理与保护范围标示牌

1.国家对水工程实施保护。国家所有的水工程应当按照国务院的规定划定工程管理和保护范围。

2.在水工程保护范围内，禁止从事影响工程运行和危害工程安全的爆破、打井、采石、取土等活动。

3.单位和个人有保护水工程的义务，不得侵占、毁坏水利工程设施设备。

4.举报电话：×××××××××。

管理单位—序号

××工程管理与保护范围标示牌

××工程管理与保护范围划界工作，已经××政府批准实施完成，根据《中华人民共和国水法》等法律法规的规定，现公告如下：

（叙述工程管理与保护范围）

××县（市、区）人民政府
水利工程管理单位（名称）

（2）界桩

界桩是用于指示河湖及水利工程管理范围边界的标志物，其结构形式一般为长方体桩和板形桩。

①长方体桩。地面以上各面均应标注，面向管理范围的内立面为正面，面向管理范围的外立面为背面。长方体桩正面标注"严禁破坏"，背面标注中国水利标志图形和"管理范围界"，左面标注水库名称，右面标注界桩编号。

②板形桩。采用单面标注，从上到下逐行为：中国水利标志图形、水库名称、"管理范围界"和界桩编号。

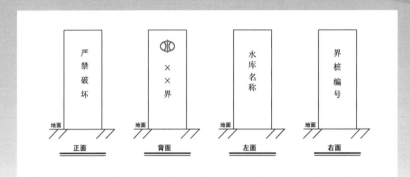

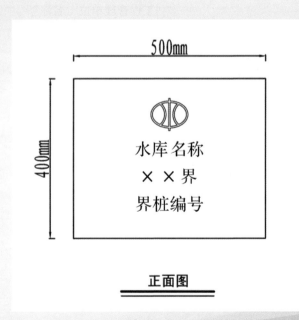

正面图

十四、日常安全管护

日常安全管护是指为消除危害水库安全的社会行为和人为损害所做的日常保护工作。水库建成投入运行后，应开展经常性的安全防护工作，并尽量减少外界不利因素对工程的影响，做到防患于未然。

（1）严禁在行洪通道内建设妨碍行洪的建（构）筑物，弃置、堆放阻碍行洪的物体和种植阻碍行洪的林木与高秆作物等。

（2）严禁在坝面上种植树木和农作物，不得挖坑、放牧、铲草皮以及搬动护坡和导渗设施的砂石材料等。

（3）严禁在土石坝坝顶、坝坡、平台（马道）上堆放杂物、大量物料和晾晒粮草等，以免引起不均匀沉陷或局部塌滑；不得在坝坡和坝顶上修建渠道，以免因大量渗漏而造成滑坡；坝前如有较大的漂浮物和树木应及时打捞，以免坝坡受到冲撞和损坏。

（4）严禁在混凝土坝坝面堆放超过结构设计荷载的物资和使用引起闸墩、闸门、桥、梁、板、柱等超载破坏和共振损坏的冲击、振动性机械；严禁在坝面、桥、梁、板、柱等构件上烧灼；有荷载限制要求的建筑物须悬挂限荷标识牌。各类安全标识应醒目、齐全。

（5）严禁将坝体作为码头停靠各类船只；在工程管理和保护范围内修建码头、鱼塘的，须经大坝主管部门批准，并与坝脚和输（泄）水建筑物保持一定距离，不得影响大坝安全、工程管理和抢险工作。

（6）大坝坝顶原则上严禁各类机动车辆行驶。若大坝坝顶确需兼作公路，须经科学论证和上级主管部门批准，应设置路标和限荷标识牌，并采取相应的安全防护措施。

（7）严禁在工程管理和保护范围内进行爆破、打井、采石、采矿、挖沙、取土、修坟、毁林开荒等危害大坝安全和破坏水土保持的活动；库区内禁止炸鱼等活动。禁止在工程管理范围内倾倒土、石、矿渣、垃圾等。

（8）未经水行政主管部门批准，不得在工程管理和保护范围内修建建（构）筑物或其他生产经营设施。

（9）未经允许，不得擅自操作水库泄洪闸门、输水闸门及其他设施，不得有破坏大坝正常运行及其他有碍工程运行的行为。

（10）作为饮用水水源地的水库，应禁止网箱养鱼、开办畜禽养殖场，限制开发旅游等项目。

（11）在工程管理和保护范围内一切违反大坝安全管理的行为和事件，要立即制止和纠正。

十五、白蚁等害堤动物防治

凡土栖白蚁分布区域内的土石坝，或有动物在坝体内营巢作穴的土石坝，都应有专业防治人员，开展白蚁及其他动物危害的防治工作。

白蚁危害

白蚁能够在各类土坝内构筑蚁巢和四通八达的蚁道，蚁道贯穿土坝上下游，在汛期水位上涨时，水流进入蚁道和蚁巢，造成土坝多种险情出现，严重时甚至造成垮坝崩堤的大灾大难。

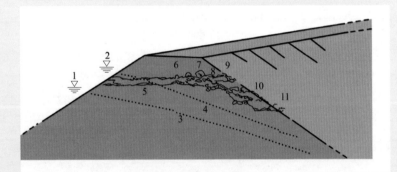

白蚁危害土坝引发管漏险情示意图
1—正常水位；2—高水位；3—正常水位浸润线；4—高水位浸润线；
5—蚁道；6—菌圃（副巢）；7—主巢；8—候飞室；9—分飞孔；
10—泥被、泥线；11—漏水孔

白蚁普查

　　每年4—6月和9—11月，大中型水库土坝、重点土质堤防应每月开展专项检查不少于2次，小型水库及其他堤防每月检查不少于1次，若发现蚁患应增加检查频次并及时防治。

白蚁预防

　　白蚁危害预防可采用工程措施和非工程措施。

　　工程措施包括修筑防蚁层和隔蚁墙等物理屏障，设置毒土防蚁带和注药防蚁带等药土屏障。

　　非工程措施：栽种有趋避作用的林木和植物、减少坝区灯光、喷洒药物、清除白蚁喜食物料、放养天敌。

白蚁检查

　　（1）迹查法：由白蚁防治专业技术人员在大坝及蚁源区根据白蚁活动时留下的地表迹象和真菌指示物来判断是否有白蚁危害。

　　（2）锹铲法：在白蚁经常活动的部位，用铁锹或挖锄将白蚁喜食的植物根部翻开，查看是否有活白蚁及蚁路等活动迹象。

　　（3）引诱法：采用白蚁喜食的饵料，在坝体坡面上设置引诱桩、引诱坑或引诱堆等引诱白蚁觅食。

　　（4）仪探法：采用探地雷达、高密度电阻率等仪器探测白蚁巢穴。

　　（5）嗅探法：利用猎犬、警犬等对白蚁巢穴气味有灵敏反应的动物进行探测。

白蚁治理

治理原则：预防为主、防治结合、综合治理、安全环保、持续控制。

治理要求：春防、夏检、秋杀、冬挖。

治理方法：破巢除蚁法、熏烟毒杀法、挖坑诱杀法、药物诱杀法、药物灌浆法、毒土灭杀法。

治理标准：连续3年以上无成年蚁巢、坝体无幼龄蚁巢。

危害鉴定

水利工程竣工验收后每隔5~8年应进行一次白蚁危害鉴定，白蚁危害鉴定宜与水利工程安全鉴定同时进行，及时向主管部门报告白蚁危害鉴定结果。[可参照《建设工程白蚁危害评定标准》（GB/T 51253—2017）]

其他动物危害防治

（1）采取人工捕杀法时，可在具有危害性的动物经常活动出没的地方，设置笼、铁夹、竹弓、陷阱等进行捕杀；但应在周围采取设置栏杆等封闭措施，并设置警告标志，以防止人员被误伤。

（2）采用诱饵毒杀法时，可将拌有药物的食物，放在动物经常出没的地方，诱其吞食后中毒死亡；但应防止人或家畜误食。

（3）对狐、獾等较大的动物，可采用人工开挖洞穴追捕法。

（4）采用灌浆药杀法时，可采用锥探灌浆方法将拌有药物的黏土浆液灌入巢穴内，驱赶或堵死动物，填塞洞穴。

十六、安全管理设施

水库应根据工程安全管理要求，配备必要的安全管理设施，主要包括通信设施、报警设施、交通道路、备用电源、警示标志（牌）及附属设施等。

1. 通信设施

为满足汛期报汛或紧急情况下报警需要，水库内、外通信原则上应采用两种及以上有效可靠的设施。对外应具备与水库主管单位、防汛抗旱指挥机构等相关部门的通信连接。偏远地区水库应设有电视信号接收设施。

对于一般小（2）型水库，至少应具备一种以上的有效通信手段。

有线电话

无线移动电话

电台

卫星电话

2. 报警设施

水库应配备相应的突发事件应急报警设施设备，常用报警设施设备包括锣（鼓）、手摇报警器、扩音器、广播电台等。

3. 交通道路

交通道路应包括水库管理所需的对外交通、内部交通道路。道路至少应到达坝肩或坝下，道路标准满足防汛抢险要求。

4. 备用电源

　　根据防洪、供水和应急抢险等需求，水库除具备正常供电电源外，还应配备不少于一套备用电源。在泄洪、供水、重要交通等工程应设有必要的照明设备。

柴油发电机　　　　　汽油发电机　　　　　蓄电池

备用电源示意图

5. 警示标志（牌）

　　工程管理和保护范围内应设置界桩、安全警示牌及标示牌，并根据需要设置安全警戒标志。兼作公路的坝顶及公路桥两端应设置限载、限速等标志。

标志图样

十七、险情抢护

水库险情是指水库枢纽建筑物在外界条件（包括洪水、降雨、风、其他荷载等）的影响作用下，水库大坝、溢洪道或输水洞（管）等建筑物由于存在质量缺陷、工程隐患、老化失修，建筑物内外部发生变化，出现可能危及建筑物本身和其他建筑物安全的现象。

常见险情

● 洪水漫顶、渗漏、管涌与流土、漏洞、塌坑、裂缝、滑坡、输（泄）水建筑物异常、风浪险情等。

1. 洪水漫顶抢险

险情形成

　　由于大坝防洪标准偏低，或遭遇超标准洪水或大洪水时，因泄洪设施出险，导致泄洪能力下降，洪水位高出坝顶而造成库水从坝顶漫溢的现象。

洪水漫顶险情示意图

险情抢护

　　（1）抢筑坝顶土袋挡水子堰：当可能出现洪水位超过坝顶的情况时，应快速在坝顶部位抢筑子堰，防止洪水漫坝顶；子堰形式应以能就地取材、抢筑容易为原则进行选择；宜采用土袋挡水子堰。

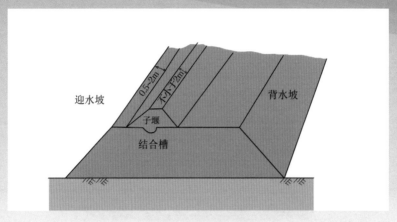

土袋挡水子堰示意图

（2）加固防浪墙：快速在防浪墙后侧用土袋抢筑临时支撑体。

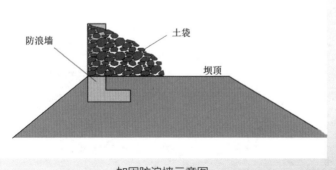

加固防浪墙示意图

（3）大坝临时过水：在大坝坝顶至下游坝坡铺设防渗、防冲材料（如土工膜、彩条带等），利用坝体临时过水。

2. 渗漏险情抢险

险情形成

在高水位作用下，库水通过坝体孔隙向外渗透，在大坝下游坝坡或坝基以上出现散浸或集中渗流。

渗水险情示意图

抢护措施

（1）反滤导渗沟法：开挖导渗沟，沟内铺设反滤料，使渗水集中排出。

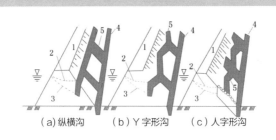

（a）纵横沟　　（b）Y字形沟　　（c）人字形沟

导渗沟开挖示意图

1—堤顶；2—开沟前的浸润线；3—开沟后的浸润线；4—纵沟；5—横沟

（2）贴坡反滤层法：当大坝透水性较大，背水坡土体过于稀软时，可在背水坡面铺设反滤层使渗水排出。

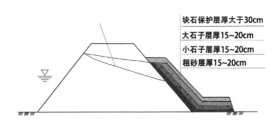

块石保护层厚大于30cm
大石子层厚15~20cm
小石子层厚15~20cm
粗砂层厚15~20cm

贴坡反滤层示意图

（3）透水压渗台法：当砂砾石充足时，可在背水坡堆铺砂砾石，既能排出渗水又利于堤坝坡稳定。

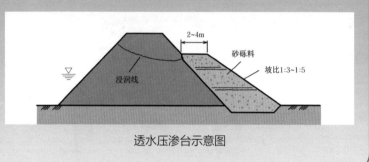

透水压渗台示意图

3. 管涌与流土抢护

险情形成

在水库高水位时，渗透水流有可能使坝基土发生渗透破坏，主要类型为管涌或流土。管涌是指土体中的细颗粒在渗流作用下从粗颗粒骨架孔隙通道中流失的现象。流土是指在渗流作用下，在背水坡坝脚附近局部土体表面隆起，被渗透水流顶穿或粗细颗粒同时浮动而流失的现象。

管涌、流土险情示意图

抢护方法

（1）砂石反滤盖压法：适用于发生管涌和流土的处数较多，面积较大，并连成片，渗水涌沙比较严重的地方。

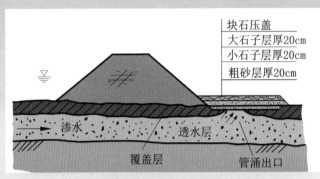

块石压盖
大石子层厚20cm
小石子层厚20cm
粗砂层厚20cm

渗水　透水层　覆盖层　管涌出口

砂石反滤盖压示意图

（2）反滤围井法：适用于背水坡坝脚附近地面的管涌、流土的数目不多，面积不大的情况；或数目虽多，但未连成大面积，并且可以分片处理的情况。对位于水下的管涌、流土，当水深较浅时，也可采用此法。

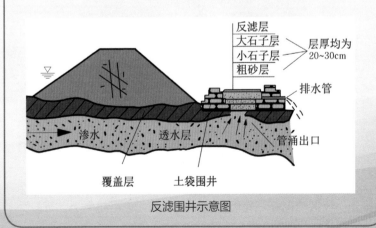

反滤层
大石子层　　层厚均为
小石子层　　20~30cm
粗砂层
排水管
渗水　透水层　管涌出口
覆盖层　土袋围井

反滤围井示意图

4. 漏洞险情抢护

险情形成

　　漏洞是指坝体或坝基质量差，或者内部有蚁穴，坝体填土与圬工或山坡接触部位等在高水位作用下，使渗漏加剧，将细颗粒土带走，形成漏水通道，贯穿坝身或坝基的渗流孔洞的现象。

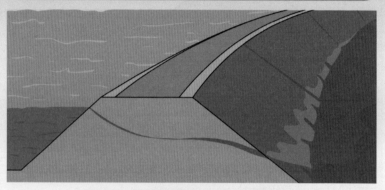

漏洞险情示意图

抢护措施

　　漏洞的抢修应按照"前堵后排，堵排并举，抢早抢小，一气呵成"的原则进行，即在临水坡堵塞漏洞进水口，截断漏水来源，在背水坡导渗排水，防止险情扩大。严禁使用不透水材料强塞硬堵出水口，以免造成更大险情。

　　漏洞险情抢险的具体方法可分为前堵和后排两个方面：

　　"前堵"就是临时性堵塞大坝临水面的漏洞进水口。可分为塞堵和盖堵两种方法，或两者兼用。

　　"后排"就是在大坝背水坡漏洞出口处把漏出来的水安全排走。一般"前堵"有困难时，重点放在"后排"上。可分为反滤盖压和反滤围井两种方法。

5. 塌坑险情抢险

险情形成

　　塌坑是指坝体填土与圬工或山坡连接处因接触渗漏带走土粒，形成漏水通道，或坝内有蚁穴，在持续高水位作用下，坝身或坝脚附近发生局部凹陷的现象。

塌坑险情示意图

97

抢护措施

（1）翻填夯实法：先将塌坑内的松土杂物翻出，然后按原坝体部位要求的土料回填夯实。如果塌坑位于坝顶部或迎水坡，宜用渗透性能小于原坝身的土料，以利截渗；如果塌坑位于背水坡，宜用透水性能大于原坝身的土料，以利排水。如有护坡，必须按垫层和块石护砌的要求，恢复至原坝状为止。如无护坡，则应按土质条件留足坡度，以免塌陷扩大，并便于填筑。

（2）填塞封堵法：塌坑口在库水位以上时，可用干土快速向坑内填筑，先填四周，再填中间，待填土露出坑内水面后，再分层用木杠捣实填筑，直至顶面。塌坑口在库水位以下时，可用编织袋或草袋、麻袋装土，直接在水下填实塌坑，再抛投黏性土封堵和帮宽，以免从塌坑处形成渗水通道。

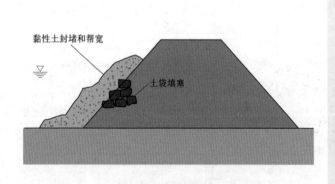

封堵塌坑示意图

（3）导渗回填法：先将塌坑内松湿软土清除，回填土料并夯实，再铺设导渗反滤料。反滤材料常采用砂石料或土工织物。导出的渗水，应集中安全地引入排水沟或坝体外。

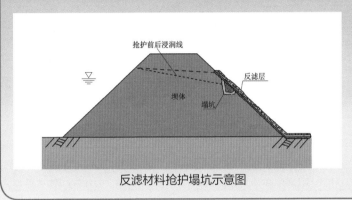

反滤材料抢护塌坑示意图

6. 裂缝险情抢险

险情形成

因基础或施工质量差、不均匀沉陷变形等原因而引起坝体裂开形成缝隙。

裂缝险情示意图

抢护措施

常用的裂缝抢险方法如下：

开挖回填法——适用于没有滑坡可能的纵向裂缝。

横墙隔断法——适用于横向裂缝。

7. 滑坡险情抢护

险情形成

滑坡是指由于坝体填筑质量差，边坡陡或库水位骤降、剧烈震动等原因，在高水位作用下滑动力增加，边坡失稳、发生滑动的现象。

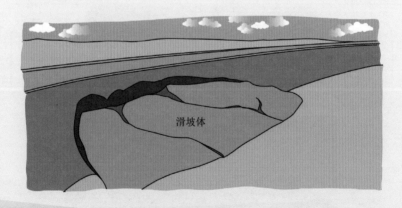

滑坡险情示意图

抢护措施

（1）固脚阻滑：适用于坝身与基础一起滑动的滑坡；坝区周围有足够可取的当地材料作为压重体，如块石、砂砾石、土料等。

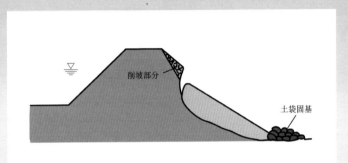

削坡部分

土袋固基

固脚阻滑示意图

（2）滤水土撑：适用于大坝背水坡范围较大、险情严重、取土困难的滑坡抢护。

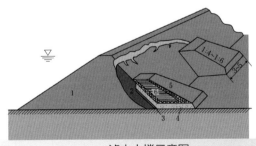

1:4~1:6

1 2 5 6 3 4

滤水土撑示意图

1—坝体；2—滑动体；3—砂层；4—碎石；5—土袋；6—填土

（3）以沟代撑：适用于坝身局部滑动的滑坡。

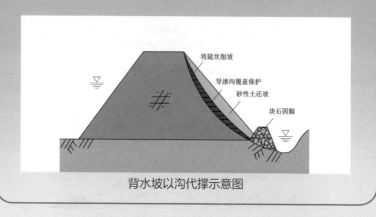

将陡坎削坡

导渗沟覆盖保护

砂性土还坡

块石固脚

背水坡以沟代撑示意图

8. 输（泄）水建筑物险情抢险

输（泄）水建筑物险情包括：溢洪道险情、闸门启闭失灵险情、输水涵管（洞）漏水险情。

（1）溢洪道险情

险情形成

①泄洪能力不足。溢洪道开挖断面尺寸、高程和溢流堰型没有达到设计要求，在进口段和溢流堰上堆积弃碴杂物，或边坡松动剥落掉下来的岩块没有被清除。

②溢流堰和闸墩混凝土裂缝、渗漏。溢洪道建造在破碎岩基或土基上，而又未经处理或处理不彻底，施工质量较差，造成渗漏或裂缝。

③泄槽边导墙高度不足或质量较差，下泄的洪水冲毁或漫过墙顶而冲刷坝坡。

④消能设施没有，或不配套，或冲坏没有修复，下泄洪水会危及坝脚安全。

抢护措施

①增加溢洪道过水宽度，降低溢洪道底高程。根据溢洪道所在的位置及形式，将溢洪道拓宽，增加泄流量。

②及时抛筑块石或铺设土袋，对导墙加高加固，并保护坝坡不被水流冲刷。

③及时抛石或铅丝笼装块石，或采用编织布土袋抢筑阻水墙，将泄洪尾水与坝脚隔开，并及时修复被淘刷的坝脚。

（2）闸门启闭失灵险情

险情形成

闸门无法开启、闸门开启后关不下去或者在启闭过程中卡住。

险情抢护

①闸门启闭运用失控时，立即吊放抢修门或叠梁，待不漏水后，再对工作门门槽、启闭设备、钢丝绳等进行检修或更换。

②涵管（洞）闸门开启后不能关闭时，可采用抛土袋办法止漏或门顶加压或加重的办法使闸门关闭。

③闸门漏水时，在需要临时抢堵时可在关门挡水情况下，从闸门上游靠近闸门处，用沥青麻丝、棉纱团、棉絮等堵塞缝隙，并用木楔挤紧。

（3）输水涵管（洞）漏水险情

输水涵管（洞）与坝体土料结合不紧密、输水涵管（洞）地基未处理或处理不彻底或输水涵管（洞）管身施工质量差使涵管（洞）管身产生蜂窝、裂缝，造成漏水。

险情抢护

①若涵管（洞）内径较大，则应在管（洞）内对管（洞）身裂缝及断裂等漏水部位采用速凝砂浆、水下环氧砂浆等修补材料进行修补堵漏。

②若水流穿过管（洞）壁沿涵管（洞）外壁与土坝接触处向下游涵管（洞）出口处漏水，则应在涵管（洞）出口处修筑反滤层，阻止土颗粒被渗漏水带走，使坝体免遭渗透破坏。

9. 风浪险情抢护

险情形成

当风浪在坝坡上反复冲击时，坝坡易产生真空，出现负压区，使坝身土料或护坡被水流冲击淘刷，遭受破坏。轻者使坝坡冲成陡坎，严重者可致使溃坝。

风浪险情示意图

抢护措施

（1）木排防浪：选用直经 5 ~ 15cm 的圆木，采用绳缆或钢丝扎木排，重叠 2 ~ 4 层，总厚度为 30 ~ 50cm，宽度为 1.5 ~ 2.5m，长度为 3 ~ 5m，置于迎水坡 1 ~ 50m 的距离处，起到防浪的作用。

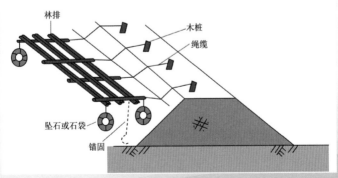

木排防浪示意图

（2）挂柳防浪：采用柳枝、秸料或芦苇扎成直径0.5～0.8m的枕，置于坝坡前，另一端用绳索固定于坝顶的桩上，当风浪较大时，可采用连环枕防浪，就是用绳缆、木杆或竹竿将多个枕连在一起做成连环枕。

挂柳防浪示意图

（3）土工织物防浪：将土工织物铺放在坝坡上，以抵抗波浪的破坏作用。

土工织物防浪示意图

（4）土袋防浪：用编织袋、麻袋装土（或沙或碎石或砖等），叠放在迎水坡。

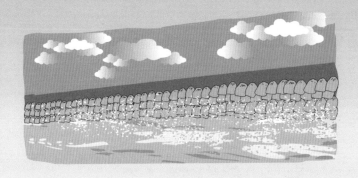

土袋防浪示意图

十八、水库降等与报废

水库降等或报废是水库生命周期的一个重要阶段，是水库工程管理工作的一项重要内容，对化解水库大坝风险、消除大坝安全隐患、合理配置资源、提高水库大坝安全管理能力具有重要意义。

1. 基本要求

县级以上人民政府水行政主管部门按照分级负责的原则对水库降等与报废工作实施监督管理。

水库主管部门（单位）负责所辖水库的降等与报废工作的组织实施；乡镇人民政府负责农村集体经济所管辖水库的降等与报废工作的组织实施。

水库降等与报废，必须经过论证、审批等程序后实施。

降等

因水库规模减小或者功能萎缩，将原设计等别降低一个或者一个以上等别运行管理，以保证工程安全和发挥相应效益的措施。

报废

对病险严重且除险加固技术上不可行或者经济上不合理的水库以及功能基本丧失的水库所采取的处置措施。

注：以上所提到的水库降等与报废工作的组织实施部门（单位）、乡镇人民政府，统称为水库降等与报废工作组织实施责任单位。

2. 基本条件

降等条件

（1）因规划、设计、施工等原因，实际工程规模达不到《水利水电工程等级划分及洪水标准》（SL 252—2017）规定的原设计等别标准，扩建技术上不可行或者经济上不合理的。

（2）因淤积严重，现有库容低于《水利水电工程等级划分及洪水标准》（SL 252—2017）规定的原设计等别标准，恢复库容技术上不可行或者经济上不合理的。

（3）原设计效益大部分已被其他水利工程代替，且无进一步开发利用价值或者水库功能萎缩已达不到原设计等别规定的。

（4）实际抗御洪水标准不能满足《水利水电工程等级划分及洪水标准》（SL 252—2017）规定或者工程存在严重质量问题，除险加固经济上不合理或者技术上不可行，降等可保证安全和发挥相应效益的。

（5）因征地、移民或者在库区淹没范围内有重要的工矿企业、军事设施、国家重点文物等原因，致使水库自建库以来不能按照原设计标准正常蓄水，且难以解决的。

（6）遭遇洪水、地震等自然灾害或战争等不可抗力造成工程破坏，恢复水库原等别经济上不合理或技术上不可行，降等可保证安全和现阶段实际需要的。

（7）因其他原因需要降等的。

报废条件

（1）防洪、灌溉、供水、发电、养殖及旅游等效益基本丧失或者被其他工程替代，无法进一步开发利用价值的。

（2）库容基本淤满，无经济有效措施恢复的。

（3）建库以来从未蓄水运用，无进一步开发利用价值的。

（4）遭遇洪水、地震等自然灾害或战争等不可抗力，工程严重毁坏，无恢复利用价值的。

（5）库区渗漏严重，功能基本丧失，加固处理技术上不可行或者经济上不合理的。

（6）病险严重，且除险加固技术上不可行或者经济上不合理，降等仍不能保证安全的。

（7）因其他原因需要报废的。

3. 基本程序

论证报告

水库降等与报废工作组织实施责任单位根据水库规模委托符合《工程勘察资质分级标准》和《工程设计资质分级标准》（建设部建设〔2001〕22号）规定的具有相应资质的单位提出水库降等或者报废论证报告。

降等论证报告内容：原设计及施工简况、运行现状、运用效益、洪水复核、大坝质量评价、降等理由及依据、实施方案。

报废论证报告内容：运行现状、运用效益、洪水复核、大坝质量评价、报废理由及依据、风险评估、环境影响及实施方案。

论证申请

水库降等或者报废论证报告完成后，需要降等或者报废的，水库降等与报废工作组织实施责任单位应当逐级向有审批权限的机关提出申请。

申请材料包括：

（1）降等或者报废申请书。

（2）降等或者报废论证报告。

（3）报废水库的资产核定材料。

（4）其他有关材料。

审查批复

　　水行政主管部门及农村集体经济组织管辖的水库降等，由水行政主管部门或者流域机构按照规定权限审批，并报水库原审批部门备案：

　　（1）跨省际边界或者对大江大河防洪安全起重要作用的大（1）型水库，由国务院水行政主管部门审批。

　　（2）对大江大河防洪安全起重要作用的大（2）型水库和跨省际边界的其他水库，由流域机构审批。

　　（3）除（1）、（2）项以外的大型和中型水库由省级水行政主管部门审批。

　　（4）上述规定以外的小（1）型水库由市（地）级水行政主管部门审批，小（2）型水库由县级水行政主管部门审批。

　　（5）在一个省（自治区、直辖市）范围内的跨行政区域的水库降等报共同的上一级水行政主管部门审批；水库报废按照同等规模新建工程基建审批权限审批。

　　审批机关应当组织或委托有关单位组成由计划、财政、水行政等有关部门（单位）代表及相关专家参加的专家组，对水库降等或报废论证报告进行审查，并在自接到降等或者报废申请后3个月内予以批复。

　　审批结果应当及时报同级水行政主管部门及防汛抗旱指挥机构备案。

组织实施

　　水库降等与报废工作组织实施责任单位应当根据批复意见，及时组织实施水库降等或者报废的有关工作。

水库降等实施措施内容：
（1）必要的加固措施。
（2）相应运行调度方案的制定。
（3）富余职工安置。
（4）资料整编和归档。
（5）批复意见确定的其他措施。

水库报废实施措施内容：
（1）安全行洪措施的落实。
（2）资产以及与水库有关的债权、债务合同、协议的处置。
（3）职工安置。
（4）资料整编和归档。
（5）批复意见确定的其他措施。

变更注销

　　水库降等与报废实施方案实施后，由水库降等与报废工作组织实施责任单位提出申请，审批部门组织验收。

　　水库降等与报废工作经验收后，应当按照《水库大坝注册登记办法》的有关规定，办理变更或者注销手续。

　　报废的国有水库资产的处理，执行国有资产管理的有关规定。

附 录

附录1　基础知识

（1）工程等别与防洪标准

水库的工程等别，应根据其工程规模、效益和在经济社会中的重要性确定。再由工程等别按地区确认水工建筑物防洪标准。

水库工程等别

工程等别	工程规模	水库总库容 / 亿 m³
I	大 (1) 型	≥ 10
II	大 (2) 型	<10, ≥ 1.0
III	中型	<1.0, ≥ 0.1
IV	小 (1) 型	<0.1, ≥ 0.01
V	小 (2) 型	<0.01, ≥ 0.001

水库工程水工建筑物防洪标准

水工建筑物级别	水工建筑物防洪标准（山区、丘陵区）			水工建筑物防洪标准（平原、滨海区）	
	设计[重现期（年）]	校核[重现期（年）]		设计[重现期（年）]	校核[重现期（年）]
		土石坝	混凝土坝、浆砌石坝		
1	1000~500	可能最大洪水或10000~5000	5000~2000	300~100	2000~1000
2	500~100	5000~2000	2000~1000	100~50	1000~300
3	100~50	2000~1000	1000~500	50~20	300~100
4	50~30	1000~300	500~200	20~10	100~50
5	30~20	300~200	200~100	10	50~20

（2）工程特征参数

正常蓄水位和兴利库容： 水库在正常运用情况下，为满足兴利要求应在开始供水时蓄到的高水位，称为正常蓄水位，又称正常高水位、兴利水位或设计蓄水位。正常蓄水位和死水位之间的库容，称为兴利库容。

死水位和死库容： 水库在正常运用情况下，允许消落到的最低水位，称为死水位，又称设计低水位。死水位以下的库容称为死库容。

防洪限制水位： 又称汛限水位，是水库在汛期允许兴利蓄水的上限水位，也是水库在汛期防洪运用时的起调水位。

防洪高水位： 水库遇到下游防洪保护对象的设计洪水时，在坝前达到的最高水位。只有当水库承担下游防洪任务时，才需确定这一水位。

设计洪水位： 水库遇到大坝的设计洪水时，在坝前达到的最高水位。它是水库在正常运用情况下，允许达到的最高水位，也是挡水建筑物稳定计算的主要依据之一。

校核洪水位： 水库遇到大坝的校核洪水时，在坝前达到的最高水位。它是水库在非常运用情况下，短期内允许达到的最高水位。

调洪库容和总库容： 校核洪水位以下至汛限水位之间的库容，称为调洪库容；校核洪水位以下的库容称为总库容。

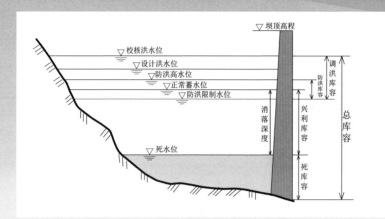

（3）水位库容关系曲线

水库水位与其相应库容的关系曲线是水库规划设计和管理调度的重要依据。一般以水位为纵坐标，以库容为横坐标绘制而成。

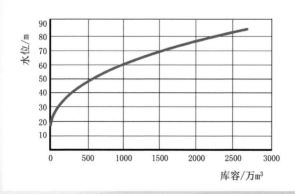

附录 2 日常巡查记录表

表 1 水库大坝检查表

日期：　　年　月　日　　　库水位：　　　m　　　　天气：

项目		检查情况	备注
坝体	坝体		有无裂缝、渗漏、滑坡、塌坑、隆起、冲沟等。有无生物洞穴等隐患，如白蚁、老鼠、蛇等动物在坝体内打洞、筑巢等
	坝坡		护坡有无破坏、松软、脱落、剥蚀、裂缝、渗漏、杂草生长、膨胀、溶蚀、钙质离析、冻融破坏等
	坝顶（含防浪墙）		坝顶及防浪墙有无裂缝、错动；坝体有无变形，相邻两坝段之间有无不均匀沉降；伸缩缝开合情况、坝段止水破坏或失效情况等
	排水设施		
	其他（如廊道）		
坝基	左右坝肩		有无绕渗、位移、滑坡、溶蚀等
	下游坝脚		有无渗漏；渗漏水颜色和浑浊度，坝基冲刷、淘刷情况等
	坝体与建筑物连接处		接合处有无位移、脱离、渗流等
	其他		
其他			

检查人签字：　　　　　　　　负责人签字：

118

表2 溢洪道检查表

日期: 年 月 日 库水位: m 天气:

项目	检查情况	备注
闸门		有无锈蚀、变形、裂缝、焊缝开裂、油漆剥落、钢丝绳锈蚀、磨损、断裂、止水损坏、老化、漏水、闸门振动、空蚀等
启闭机		有无变形、裂纹、螺钉松动,焊缝开裂,锈蚀,润滑,磨损,电、油、水系统故障,操作运行故障等
溢流堰		有无裂缝、变形、剥蚀等
闸室、闸墩、导墙		有无裂缝、变形、剥蚀等
泄洪洞		有无裂缝、变形、剥蚀等
消能设施		有无护坦、鼻坎、边墙破坏,下游淘刷等
工作桥、排架		有无剥蚀、漏筋、裂缝等
尾水渠		
其他		

检查人签字: 负责人签字:

表3 放水洞(管)检查表

日期: 年 月 日 库水位: m 天气:

项目	检查情况	备注
闸门		有无锈蚀、变形、裂缝、焊缝开裂、油漆剥落、钢丝绳锈蚀、磨损、断裂、止水损坏、老化、漏水、闸门振动、空蚀等
启闭机		有无变形,裂纹,螺(铆)钉松动,焊缝开裂,锈蚀,润滑,磨损,电、油、水系统故障,操作运行故障等
洞(管)身		有无裂缝、断裂、错动、渗水、堵塞等
其他(如进口处、出口处)		

检查人签字: 负责人签字:

表 4　近坝库岸检查表

日期：　年　月　日　　库水位：　m　　天气：

项目	检查情况	项目	检查情况
一、水库		附近地区渗水坑	
近坝区水面漩涡		附近地区建筑物、公路沉陷	
冒泡		三、塌岸、滑坡	
库区渗漏		四、界碑、界桩	
二、近坝库区		五、其他	

检查人签字：　　　　　　　负责人签字：

表 5　管理设施检查表

日期：　年　月　日　　库水位：　m　　天气：

项目	检查情况	备注
雨水情、大坝监测设施		
防汛物资储备及管理		
防汛道路		
备用电源		
通信设施		
报警设施		
管理房		
其他		

检查人签字：　　　　　　　负责人签字：

附录3 常用法律法规、标准规范及政策性文件

一、法律法规

1.《中华人民共和国水法》
2.《中华人民共和国防洪法》
3.《中华人民共和国安全生产法》
4.《中华人民共和国防汛条例》
5.《水库大坝安全管理条例》

二、标准规范

6.《水库工程管理设计规范》（SL 106—2017）
7.《防洪标准》（GB 50201—2014）
8.《水利水电工程等级划分及洪水标准》（SL 252—2017）
9.《水库调度规程编制导则》（SL 706—2015）
10.《水库洪水调度考评规定》（SL 224—98）
11.《防汛物资储备定额编制规程》（SL 298—2004）
12.《水库大坝安全管理应急预案编制导则》（SL/Z 720—2015）
13.《水工钢闸门和启闭机安全运行规程》（SL/T 722—2020）
14.《水利水电工程安全监测系统运行管理规范》（SL/T 782—2019）
15.《大坝安全监测自动化技术规范》（DL/T 5211—2019）
16.《土石坝安全监测技术规范》（SL 551—2012）
17.《混凝土坝安全监测技术规范》（SL 601—2013）
18.《水工隧洞安全监测技术规范》（SL 764—2018）
19.《水库地震监测技术要求》（GB/T 31077—2014）
20.《水库诱发地震监测技术规范》（SL 516—2013）
21.《土石坝养护修理规程》（SL 210—2015）
22.《混凝土坝养护修理规程》（SL 230—2015）

23.《水利系统反恐怖防范要求》(GA 1813—2022)

24.《水库大坝安全评价导则》(SL 258—2017)

25.《水工隧洞安全鉴定规程》(SL/T 790—2020)

26.《水利水电工程金属结构报废标准》(SL 226—98)

27.《水库降等与报废评估导则》(SL/T 791—2019)

28.《水库降等与报废标准》(SL 605—2013)

三、政策性文件

（一）安全度汛

29.《关于明确水库水电站防汛管理有关问题的通知》

30.《小型水库防汛"三个责任人"履职手册（试行）》

31.《小型水库防汛"三个重点环节"工作指南（试行）》

（二）安全鉴定

32.《水库大坝安全鉴定办法》

33.《坝高小于 15 米的小(2)型水库大坝安全鉴定办法（试行）》

34.《水利水电建设工程蓄水安全鉴定暂行办法》

（三）除险加固

35.《关于加强小型病险水库除险加固项目验收管理的指导意见》

36.《大中型病险水库水闸除险加固项目建设管理办法》

37.《小型病险水库除险加固项目管理办法》

38.《水利部关于加强中小型水库除险加固后初期蓄水管理的通知》

39.《小型水库除险加固工程初步设计技术要求》

（四）安全监测

40.《小型水库雨水情测报和大坝安全监测设施建设与运行管理

办法》

41.《水利部关于加强水库大坝安全监测工作的通知》

42.《关于加强水文情报预报工作的指导意见》

43.《全国水情工作管理办法》

（五）调度运用

44.《大中型水库汛期调度运用规定（试行）》

45.《综合利用水库调度通则》

（六）应急预案

46.《水库防汛抢险应急预案编制大纲》

（七）注册登记与降等报废

47.《水库大坝注册登记办法》

48.《水库降等与报废管理办法（试行）》

（八）监督检查

49.《水利工程运行管理督查工作指导意见》

50.《水利工程运行管理监督检查办法（试行）》

51.《小型水库安全运行监督检查办法》

52.《水利水电工程（水库、水闸）运行危险源辨识与风险评价导则（试行）》